零概念也能樂在其中！
探索身體的組成＆運作機制

奧妙的人體結構

醫學博士
大和田潔／監修
曹茹蘋／譯

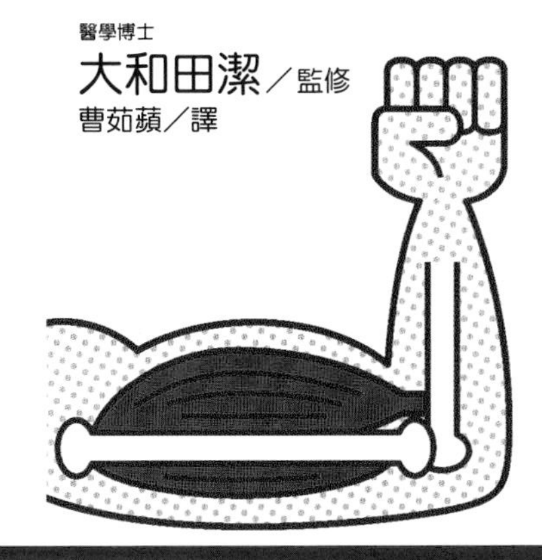

前言

我們從誕生那一刻起，便時時處於「接受狀態」。

獲得生命來到這個世上之後，我們便從感知母親的氣味和撫觸、朦朧可見的光線等等這些已經存在的東西開始，持續不斷地在充滿世界的味道、氣味、聲音這些五感的刺激下成長。

因為有著外在的世界，我們終其一生都處於去理解這個世界的「接受狀態」。然而從直到2021年，「感覺受器的機制」的研究成果才終於在諾貝爾獎上大放異彩這一點，可以知道我們人類對於自己的機制構造仍有許多不了解之處。

星星、月亮、太空、重力等所有的一切，過去一直都與人類無關地存在於該處。在那樣的世界裡，我們利用海洋、森林、河川等地形生活，以生物的身分和喜歡的對象相遇，然後留下子孫。然後，隨著另一個新生命在母親腹中成形，又會有一個人類誕生在這世上。

關於人類這種生物，我們仍有許許多多不了解之處。為何會覺得孩子、孫子很可愛？為什麼連狗、貓、雞等其他動物的小孩也覺得可愛？為什麼受精卵會變成人形？隨著父母年歲增長而產生的變化，為何會在受精卵時被重新設定，而不會被傳承下來……就像這樣，我們連面對自己的身體都處於「總之就是如此」的「接受狀態」，每天就只是不求甚解地接受那些事實。

一直以來，人類研究自己「為什麼會這樣」的人體機制，製造出各式各樣的東西來幫助自己應對各種情況。人們整頓交通、製造貨幣，打造出便利的社會。就連最先進的網路，還有電玩遊戲的螢幕、鍵盤、手把這些東西，原本也都是為了方便某人利用自己的五感和手腳，而被花心思製造出來的。

我們每個人都是一無所知地來到這個世界上。正因為有許多事情不明白，懷著好奇心主動地去觀察，是很重要而且愉快的一件事。而這也是我至今監修多本書籍，聲援即將成為醫療從業人員的各位的原因。

本書針對人體中只要稍加觀察便能察覺到的事情，以輕鬆愉快的方式介紹給讀者，相信憑多數人的能力都可以理解。但願看了本書後，各位能稍微體會此時此刻仍在慢慢被發現的人體奧秘是多麼地迷人。

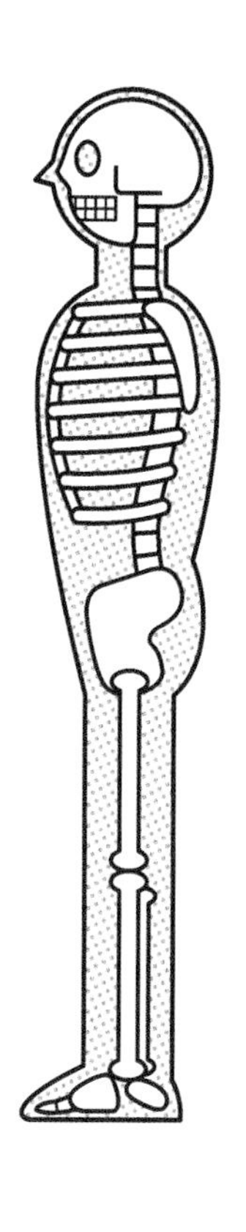

給臺灣讀者的話

臺灣的讀者大家好！我是大和田潔。至今為止我已經出版了相當多書籍，內容都是有關守護我們的腦和身體健康的飲食與運動，同時也經常上電視與廣播節目。很高興這次我的書能在臺灣出版，這是一本讓孩子也能輕鬆讀懂並對人體和醫學產生興趣的書。

我的父親朱碧煌是土生土長的臺灣人，他經過一番苦學後赴日成為了醫師，並移民日本，我是在那之後出生的。我的父親現在仍持續支持著在臺灣的朱家兄弟與親戚，是名備受尊敬的人物。

臺灣和日本一樣，都是四面環海，因此我將自己經營的醫療公司取名為「碧櫻」，既結合了臺灣的海與父親的名字「碧」，又連結了日本的「山櫻花」，深深地感念著兩地，時刻銘記在心。我希望同為亞洲文化圈的臺灣讀者也能運用自己的智慧，一起來挑戰解開人體的謎題與奧祕，相信本書一定能為各位帶來收穫。

醫學博士・綜合內科醫師 大和田潔

目次

第1章 好想知道！有關人體的各種疑問 …… 9▼70

1 人體的構造是什麼？ …… 10

2 身體的最小單位？「細胞」的構造 …… 12

3 何謂「五感」？用哪裡感受什麼？ …… 14

人體的祕密❶ 視力、聽力、嗅覺。人在哪方面能夠贏過動物？ …… 16

4 何謂免疫？那是什麼樣的機制？ …… 18

5 花粉症是如何產生的？ …… 20

6 「感染病毒」是什麼樣的狀態？ …… 22

7 為何會產生頭痛？分成哪些種類？ …… 24

8 感冒時為何會發燒、發抖？ …… 26

9 為何人非睡覺不可？ …… 28

10 什麼是做夢？「快速動眼期」和「非快速動眼期」 …… 30

●人體話題 1 人一直不睡覺會發生什麼事？ …… 32

11 何謂打呵欠？為什麼想睡時會打呵欠？ …… 34

12 「酒醉」的原理是什麼？ …… 36

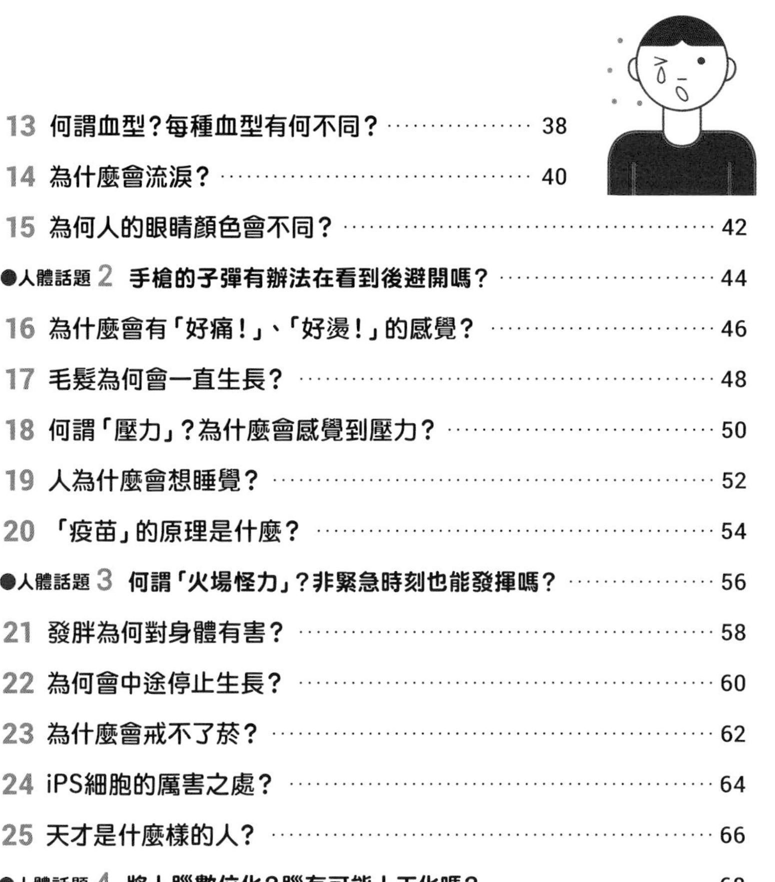

13 何謂血型？每種血型有何不同？ …… 38

14 為什麼會流淚？ …… 40

15 為何人的眼睛顏色會不同？ …… 42

●人體話題 2 手槍的子彈有辦法在看到後避開嗎？ …… 44

16 為什麼會有「好痛！」、「好燙！」的感覺？ …… 46

17 毛髮為何會一直生長？ …… 48

18 何謂「壓力」？為什麼會感覺到壓力？ …… 50

19 人為什麼會想睡覺？ …… 52

20 「疫苗」的原理是什麼？ …… 54

●人體話題 3 何謂「火場怪力」？非緊急時刻也能發揮嗎？ …… 56

21 發胖為何對身體有害？ …… 58

22 為何會中途停止生長？ …… 60

23 為什麼會戒不了菸？ …… 62

24 iPS細胞的厲害之處？ …… 64

25 天才是什麼樣的人？ …… 66

●人體話題 4 將人腦數位化？腦有可能人工化嗎？ …… 68

醫學偉人 1 安德雷亞斯・維薩里 …… 70

第2章 原來如此！人體的構造 …… 71～138

26 人為什麼要有骨骼？ …… 72

27 骨骼是由什麼構成？ …… 74

28 什麼是肌肉？有何功用？ …… 76

人體的祕密 ❷ 人最多可以舉起幾公斤的物體？ …… 78

29 血管的功用？①透過「體循環」運送物質！ …… 80

30 血液的功用？②由「紅血球」等成分組成 …… 82

人體的祕密❸ 血液要花多久時間才能跑遍全身？ …… 84

31 製造血液？「骨髓」的機制 …… 86

32 遍布全身的「淋巴」是什麼樣的東西？ …… 88

33 視力為何會變差？ …… 90

34 人為什麼能透過耳朵聽見聲音？ …… 92

35 人的平衡感是由耳朵掌管？ …… 94

36 何謂「氣味」？好、壞的差別在於？ …… 96

37 「味道」是如何感受到的？ …… 98

38 人是如何調節體溫？ …… 100

人體的祕密❹ 人能夠存活的體溫極限是幾度？ …… 102

39 人的「皮膚」有什麼功能？ …… 104

40 調整體內循環？「腎臟」的機制 …… 106

41 飲酒過量會讓肝臟壞掉？ …… 108

42 什麼是「屁」？屁的原理 …… 110

43 什麼是打嗝？為何會打嗝？ …… 112

44 占人體的60%以上？人體「水分」的機制 …… 114

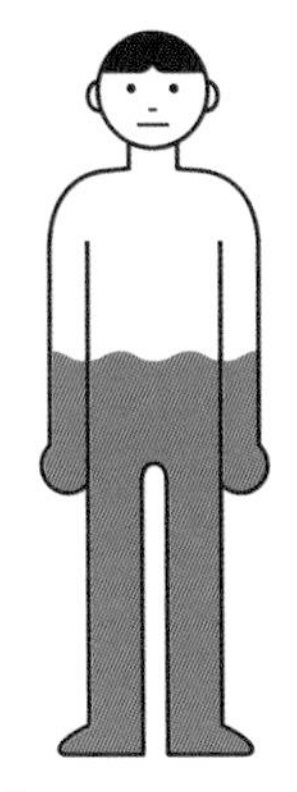

人體的祕密 ❺ 人如果只喝水可以存活多久？ 116
45 蛀牙是如何形成的？ 118
46 食物的營養是如何被吸收的？ 120
47 為何睡著了，食物還是會抵達胃部？ 122
48 腸道細菌是什麼？數量有多少？ 124
49 腸道被稱為「第二個腦」的原因？ 126
50 脂質是什麼？為何不可或缺？ 128
51 為何傷口和骨骼會復原？ 130
52 調整體內環境？「荷爾蒙」的機制 132
53 人工授精的原理是什麼？ 134
●人體話題 5 人體真的可以冷凍保存嗎？ 136
醫學偉人 2 北里柴三郎 138

第3章 原來是這樣啊！人的腦、神經、基因 139–189

54 人的「腦部」構造是什麼？ 140
55 右腦和左腦有差別嗎？ 142
●人體話題 6 人只使用了10%的腦？ 144
56 人可以記憶多少東西？ 146
57 人為何不會忘記怎麼騎腳踏車？ 148
58 為何會暈車、暈3D？ 150
59 情緒和身體的反應是從何而來？ 152
60 何謂「憂鬱」？和腦的關係為何？ 154

61 何謂「神經」？有什麼樣的功用？ …… 156
62 為何手指的活動能力會有差異？ …… 158
63 「反射神經」是什麼樣的東西？ …… 160
64 人為何能夠無意識地吸入空氣？ …… 162
65 心臟為何會怦怦跳？ …… 164
66 何謂基因？①遺傳密碼的機制 …… 166
67 何謂基因？②DNA的功用 …… 168
人體的祕密❻ 可以利用基因調查到多遠以前的祖先？ …… 170
68 男女的差異是在哪裡決定？ …… 172
69 基因也有分種類？優性基因和劣性基因 …… 174
70 易胖體質會遺傳嗎？ …… 176
71 如何利用基因調查親子關係？ …… 178
72 為何會有晨型人、夜型人之分？ …… 180
73 人為何會「老化」？ …… 182
74 「癌」是什麼樣的東西？ …… 184
人體的祕密❼ 能夠利用基因治療，改造成不會生病的身體嗎？ …… 186
75 「死亡」是什麼樣的狀態？ …… 188
索引 …… 190

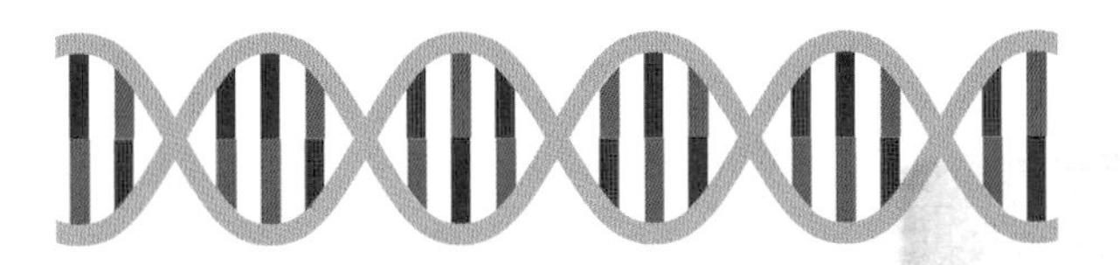

第1章

好想知道！
有關人體的各種疑問

為什麼人會感染病毒、
產生花粉症、感受到壓力呢？
我們的身體究竟發生什麼事、變得如何呢？
一起來窺探身體的構造和機制吧。

01 人體的構造是什麼？

［基礎］

因為誕生於一個細胞的各器官彼此合作，人於是動了起來！

我們的身體構造和運作機制是什麼呢？

人體是由腦、心臟、胃、肝臟、皮膚等各種器官（臟器）所組成。器官雖然各自擁有其獨特的功能，**但是各器官也會彼此合作，發揮讓我們活下去的重要功用**〔右圖〕。

嘴巴和腸胃會互相合作，消化並吸收食物。在呼吸方面，口鼻、氣管、肺部會彼此合作以吸收氧氣，而吸收進來的氧氣則會在心臟和血管的作用下，被傳送給體內各處的細胞。

腦負責管理這些所有的生命活動。我們之所以會思考、記憶、產生喜怒哀樂的情緒，都是因為有腦的關係。然而很不可思議的是，人卻也會進行消化、呼吸這些無關自我意志的行為。這都是因為受腦掌控的自律神經，在無時無刻不間斷地管理身體的活動。

我們的身體，**是從一個細胞開始逐漸增加形成的**。起初是一個受精卵，後來在細胞內DNA的作用下，漸漸生成擁有各種功能的器官和細胞，最後建構出完整的身體。很不可思議對吧？人體還有許多奇妙之處值得我們去探索。

人是由一個細胞增生建構而成

人體的構造和功用

由身體的各器官彼此合作，維持生命活動。

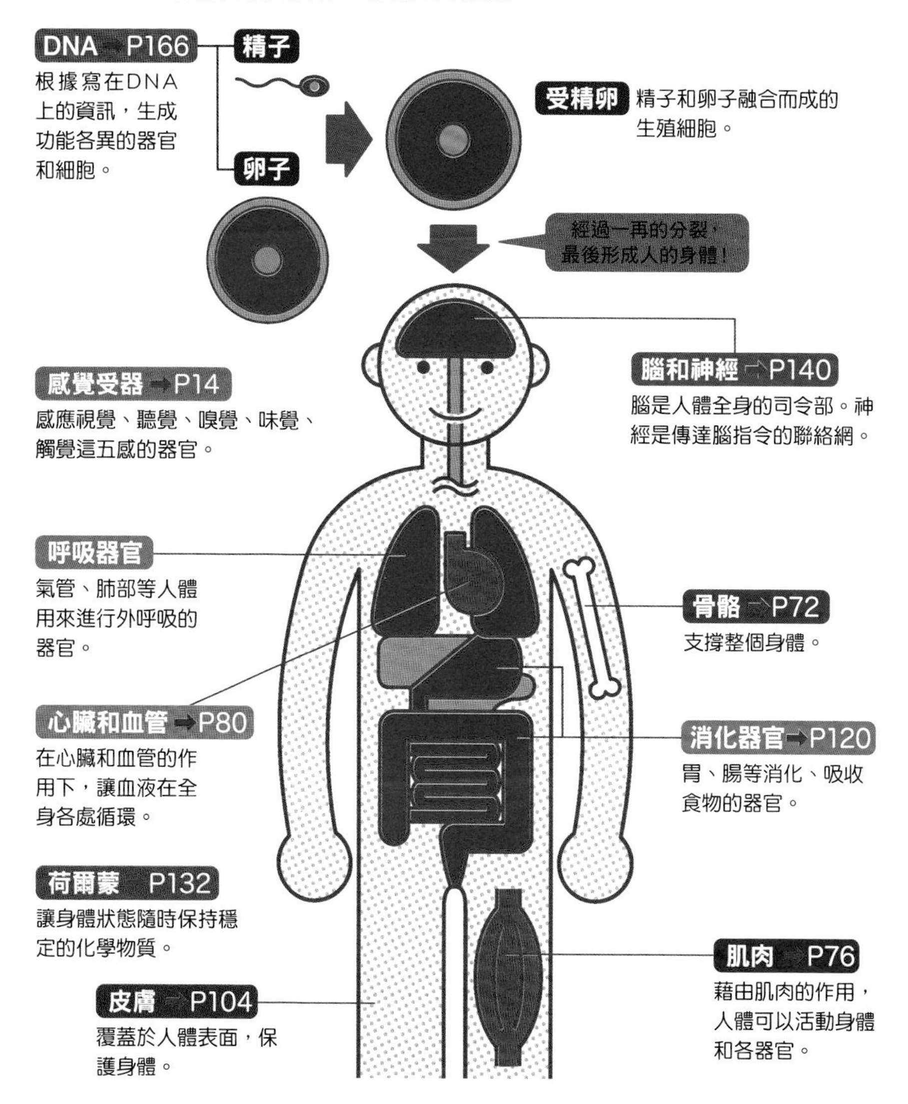

02 身體的最小單位？「細胞」的構造

［基礎］

由約40兆個細胞構成人的各種器官（臟器）！

人的身體是由什麼構成呢？

構成生物身體的最小單位是「細胞」。**人的身體是由約40兆個細胞所構成**，其大小為直徑100～200分之1公釐左右。每個細胞的外層都覆蓋著名為細胞膜的膜，裡面則有「細胞核」。細胞核內含有組成身體的設計圖，也就是「DNA」（➡P166）〔圖1〕。

人的身體由骨骼、肌肉、內臟等功能各異的許多器官（臟器）組成。而專門發揮特定功能的細胞會聚集在一起，形成所謂的器官。

比方說，心臟這個器官是由將血液送出去的肌肉組織、形成心臟的結締組織等組合而成，而心臟的肌肉組織則是由肌肉細胞聚集組成。**細胞的構造基本上是一樣的，但是細胞的大小、形狀會隨器官的不同而異**〔圖2〕。

身體和細胞內含有許多水分，人體更是約有60%都是水分（➡P114），因此我們堪稱是從水中誕生的生物。

順帶一提，生物原本是由一個細胞構成的單細胞生物，但是後來群體化的單細胞生物進化成擁有各種功能的多細胞生物，最後就漸漸演變成現在的型態了。

組成身體的各種細胞

▶何謂細胞？〔圖1〕

構成生物身體的最小單位。人體是由約40兆個細胞所組成。

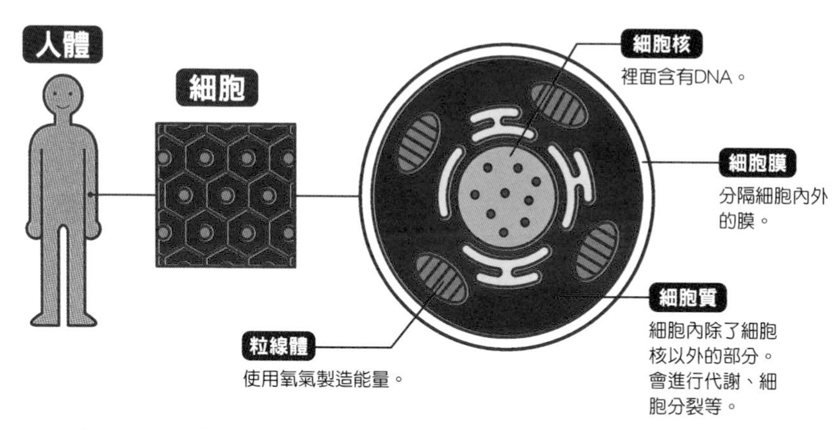

▶組成身體的主要細胞〔圖2〕

細胞的功用和大小五花八門。每個都小到無法用肉眼看見。

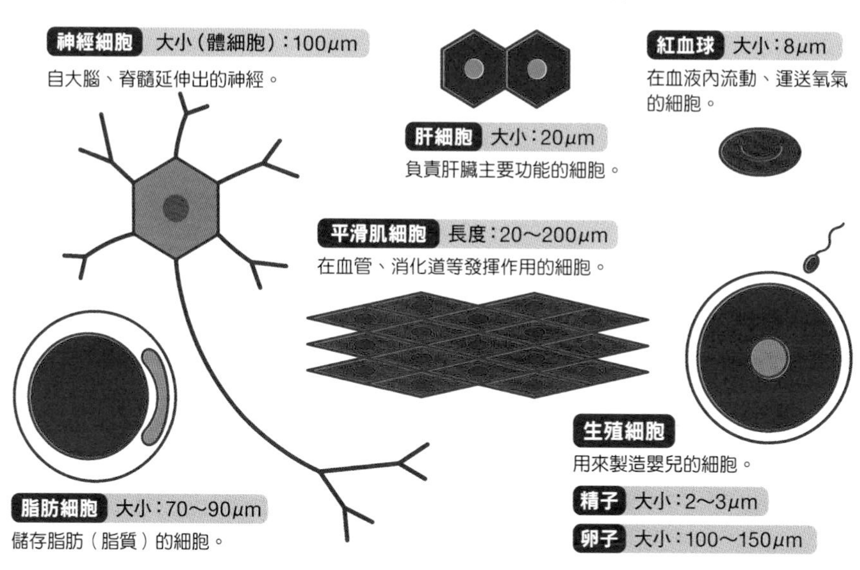

※μm=微米。也就是1000分之1公釐。

03 何謂「五感」？用哪裡感受什麼？

［感覺］

透過**感覺受器**接收視覺、聽覺、嗅覺、味覺、觸覺的訊息後，**由腦來感受**！

所謂**「五感」**是視覺、聽覺、嗅覺、味覺、觸覺，可是人是如何感受這些感覺的呢？

分別對應五感的「感覺受器」，是眼睛、耳朵、鼻子、舌頭、皮膚和黏膜。**透過感覺受器接收到的外界刺激（訊息），會被轉換成電子訊號**，然後經由遍布全身的神經被傳送至腦，讓腦獲得各式各樣的資訊〔右圖〕。

古希臘學者亞里斯多德認為，透過感覺受器接收到的訊息，是經由血管被傳送至心臟。另外，無論是西方或東方，過去也都相信人是以心臟來感知事物，而且靈魂和精神也是存在於心臟之中。日文之所以會有「心地溫暖的人」、「試著聆聽自己的心聲」這樣的說法，大概也是這個原因吧。

可是到了現代，人們已經非常清楚地知道處理感知訊息的是腦。眼睛、耳朵、鼻子等感覺受器所獲得的訊息，會透過神經傳遞至腦。**彙整感知訊息後加以「辨識」、產生「感受」的是腦**。

大腦皮質中，分布了多個處理不同感知訊息的區域。加拿大的醫學家潘菲爾德（Wilder Graves Penfield）曾經在為患者進行腦部手術時讓微弱的電流通過大腦，確認哪種感覺是經由大腦皮質的何處進行感應。

感知訊息是在大腦皮質進行處理

感覺受器和腦是透過神經相連

透過感覺受器接收到的外界刺激，會在該感覺受器被轉換成電子訊號，然後經由神經被傳送至腦。

感覺受器	眼睛	耳朵	鼻子	舌頭	皮膚
神經	視神經	聽神經	嗅神經	舌咽神經（顏面神經）	末梢神經
大腦皮質的皮層	視覺皮層	聽覺皮層	嗅覺皮層	味覺皮層	體感皮層

大腦中有著厚度2～4公釐的大腦皮質，而大腦皮質中有被稱為「皮層」的區域，分別專門處理不同的感知訊息。

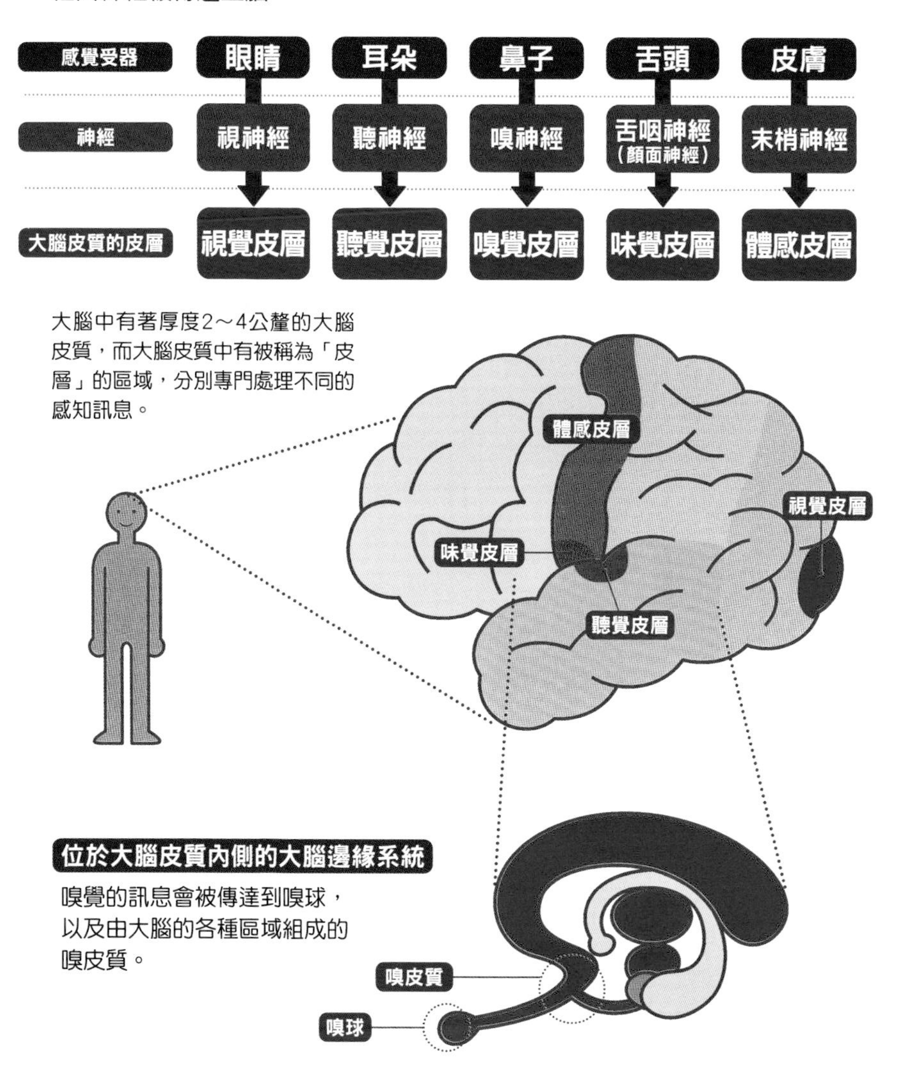

位於大腦皮質內側的大腦邊緣系統

嗅覺的訊息會被傳達到嗅球，以及由大腦的各種區域組成的嗅皮質。

選選看！
人體的祕密
①

Q 視力、聽力、嗅覺。人在哪方面能夠贏過動物？

VS 鷲 望遠能力	or	VS 海豚 聽覺能力	or	VS 狗 嗅覺能力	or	徹底落敗

人類在視力、聽力、嗅覺上，蘊藏著多少能力呢？和視力佳的鷲、能聽見超音波的海豚、嗅覺靈敏的狗相比，人有可能取勝的能力究竟是哪個？

先從視力開始看起吧。**人類的正常視力是1.0**。儘管最高視力的數值眾說紛紜，但是目前報告多半顯示為**4.0**。至於鷲，其視力據說大約是人類的8倍。換句話說，**鷲的視力約為8.0**。這雖然是從視覺細胞的數量推算出來的數值，不過有實驗證實，鷲可以從上空50公尺處辨識到地上2公釐大的食物，因此人類毫無勝算。

那麼聽力又是如何呢？低音、高音這類聲音的高度，是以空氣於1秒內震動的次數赫茲來表示，而人類耳朵所能聽見的是**20～2萬赫茲**。另一方面，**海豚所能聽見的範圍廣達150～15萬赫茲**，不僅如此，海豚還能利用音波和相距幾百公里的同伴對話。所以，聽力這方面也是海豚獲得壓倒性勝利。

最後來看看嗅覺吧。嗅覺雖然不像視力、聽力一樣有指標，不過**人類據說擁有約500萬個嗅細胞**（感應氣味物質的感知器）。至於狗的嗅覺，則據說比人要好上幾百萬倍。**大型犬的嗅細胞約有3億個**，連毒品、爆炸物等人感應不到的氣味也能聞出來。

各位可能會以為這次又是狗兒大獲全勝，但其實在某種氣味上，是人的嗅覺比較敏銳。**據說對於香蕉的味道，人的敏銳程度要比狗來得好**。這話聽起來很不可思議，但也許是因為這對人類的祖先而言，是攸關生存的重要氣味吧。

也就是說，人或許能夠在特定氣味上贏過狗，但是以標題的感覺受器的功能來說，人還是徹底輸給這些動物。

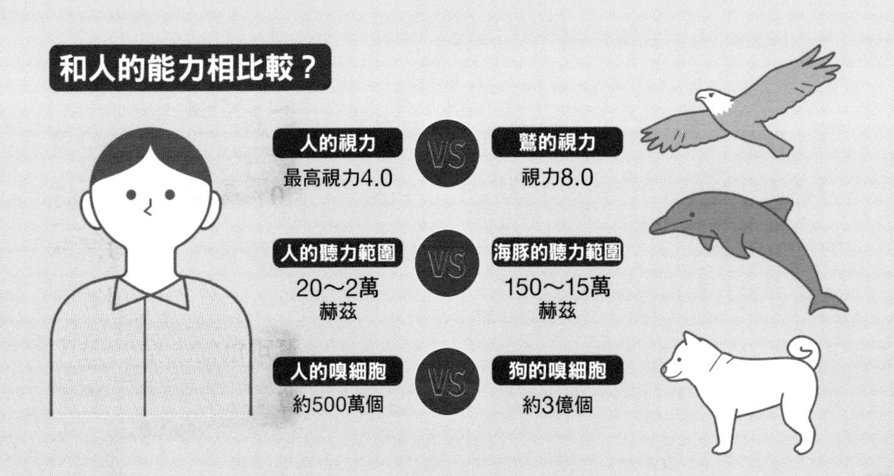

04 何謂免疫？那是什麼樣的機制？

［免疫］

分成「先天免疫」和「後天免疫」，由防衛軍（白血球等）來撲滅病原體！

「免疫」**是一種由防衛軍和人體內的細菌、病毒等病原體作戰的機制**。而所謂的防衛軍，則是防止外敵入侵、排除入侵之異物的機制。防衛軍以「白血球」為主，其中之一的嗜中性白血球等吞噬細胞會將病原體吞進去加以消化。

免疫分為兩種：辨識各種異物、與其作戰的**「先天免疫」**，以及和特定敵人作戰的**「後天免疫」**〔右圖〕。

在後天免疫中，**T細胞（T淋巴球）**和**B細胞（B淋巴球）**這兩種白血球的表現特別活躍。T細胞一旦從樹突細胞接收到病原體的資訊，便會變身成殺手T細胞周遊全身，並根據接收到的資訊，破壞病原體和受病原體感染的細胞。

B細胞則是會像發射飛彈一樣，接連釋放出名為**抗體**的蛋白質。抗體可以被製作成能夠辨識各式各樣的物質。B細胞會製造出和病原體（**抗原**）的表面相符的抗體，而病原體一旦遭到抗體附著，便容易被白血球找到並消滅掉。能夠產生與抗原相符之抗體的B細胞，會透過無性繁殖細胞系※增加數量，**在體內到處發射出抗體來擊敗病原體，使其被白血球所吞噬**。

※從一個細胞分裂、增生而成的細胞群。

白血球有形形色色的種類

免疫的機制

利用兩種防衛系統，撲滅入侵身體的病原體。

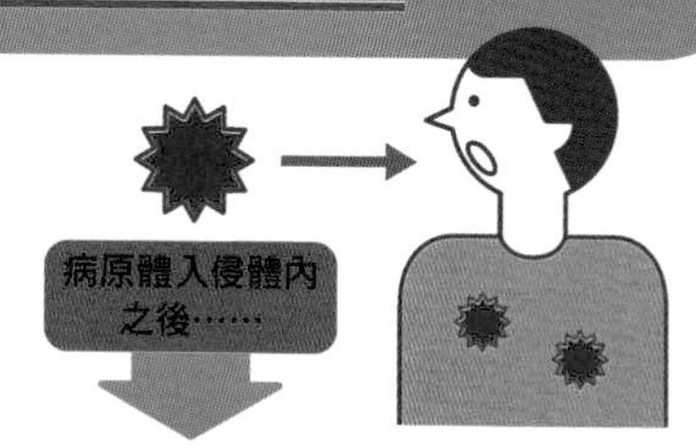

第1防衛軍：先天免疫

巨噬細胞、NK細胞等會分解、攻擊、排除入侵體內的病原體。

樹突細胞

吞下病原體，將病原體的資訊傳遞給T細胞知道。

巨噬細胞

捕食病原體，將病原體的資訊傳遞給T細胞知道。

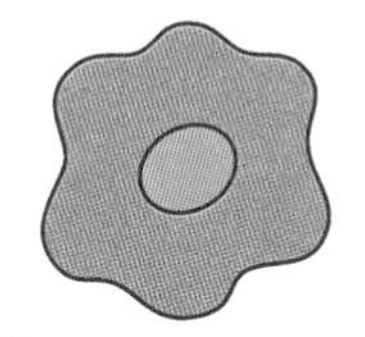

嗜中性白血球

吞下病原體後加以消化。是數量最多的白血球。

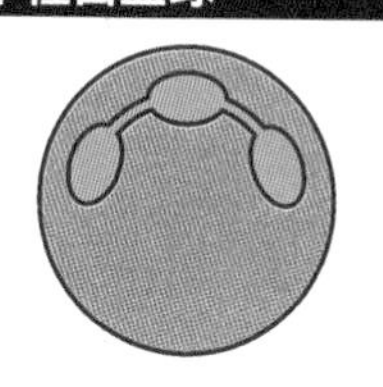

NK細胞

辨識並且攻擊異物。

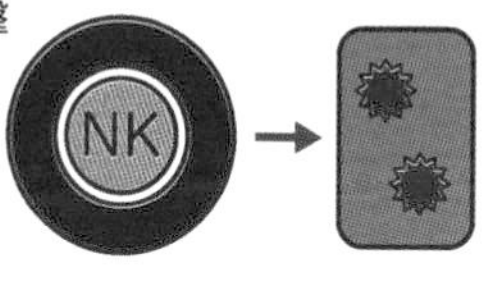

第2防衛軍：後天免疫

和先天免疫合作，根據病原體的資訊去攻擊病原體。

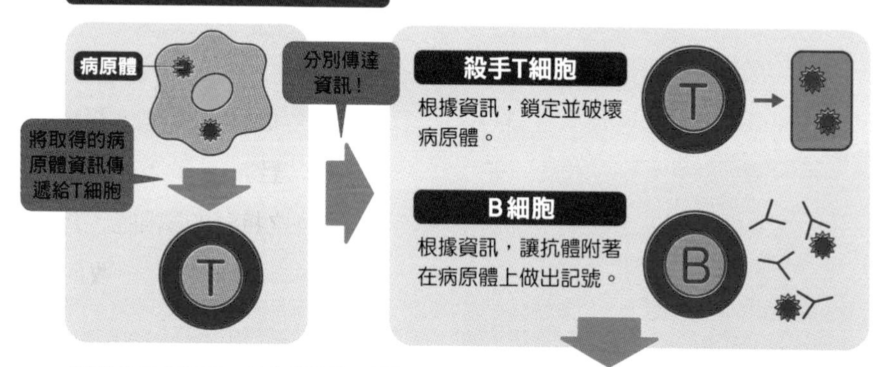

一度感染並遭到排除的病原體的資訊會被記住，等到下次相同的病原體入侵，便會立刻遭到撲滅！

05 花粉症是如何產生的？

［免疫］

「**後天免疫**」的細胞將**花粉視為敵人**，**過度反應**所產生的現象！

令許多人為之苦惱的花粉症。雖然已知有各式各樣的應對方法，不過花粉症究竟為何會產生呢？

花粉症是過敏的一種。而所謂過敏，是應該要保護身體的免疫持續變得過度活躍的反應。以杉樹的花粉症為例，**由於免疫細胞將入侵體內的杉樹花粉的蛋白質視為敵人，產生過度反應**，結果就引發打噴嚏、流鼻水、鼻塞、眼睛搔癢等症狀〔**右圖**〕。

花粉症的症狀，主要是起因自肥大細胞所釋放出來的**組織胺**等化學物質。那些化學物質有舒張血管壁的作用，所以會引發黏膜腫脹、鼻水、充血、蕁麻疹。倘若身體對化學物質產生強烈反應，甚至會因為血壓下降導致身體不適，或是令氣管發炎、引發氣喘。

花粉症並不會立即發病。**要變成會對花粉產生過敏反應需要花上一段時間，而要製造出足量的花粉抗體，則需耗時數年至數十年**。不過，據說隨著環境的變化，那段時間也正在縮短當中。

造成花粉症的原因目前還不確定，但也有人對花粉的反應性不至於大到會出現症狀。

花粉症是過敏的過度反應

杉樹花粉的過敏原理

1 花粉（抗原）初次入侵體內。

2 巨噬細胞和樹突細胞判定花粉為異物，將花粉（抗原）的資訊傳遞給T細胞。

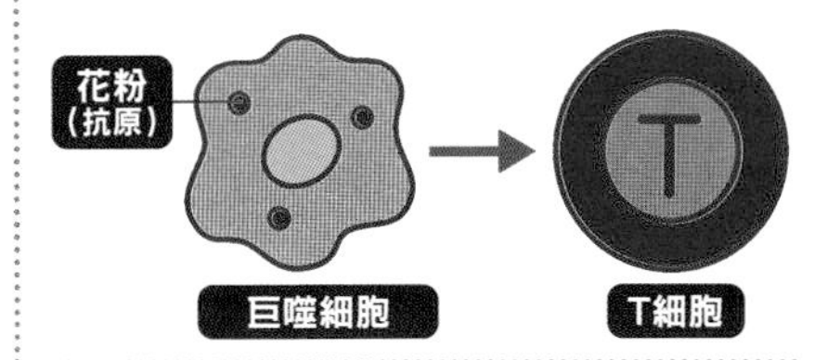

3 將抗原的資訊從T細胞傳遞至B細胞。

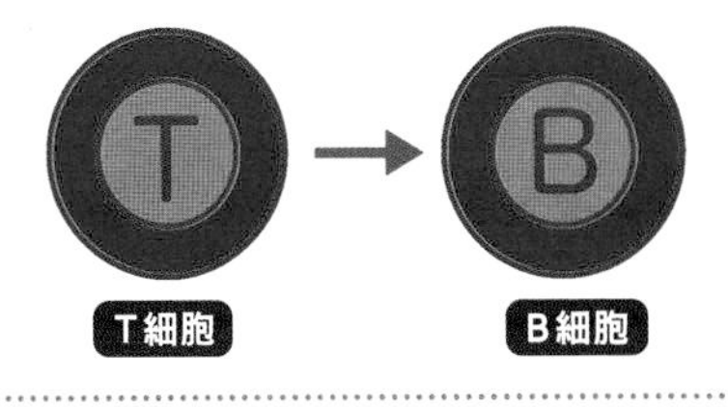

4 B細胞製造出攻擊抗原的抗體。

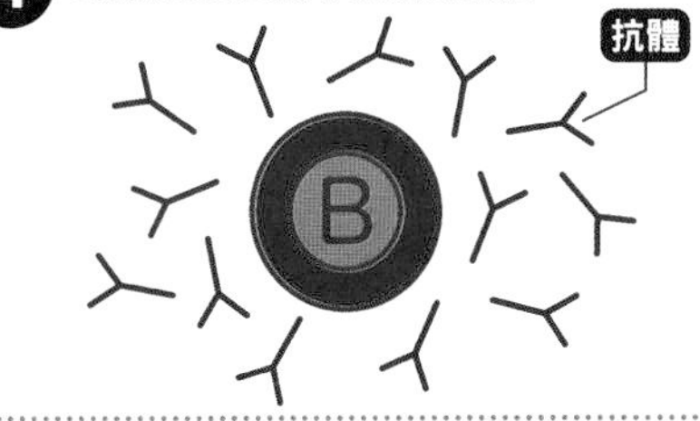

5 抗體會附著在肥大細胞的表面，為抗原的入侵作好準備。

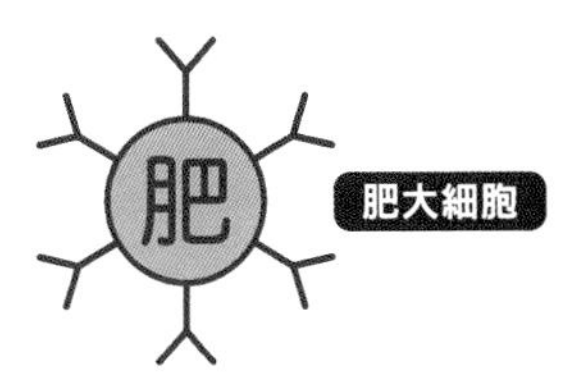

6 花粉持續入侵體內。

7 花粉和肥大細胞相遇之後，抗原和抗體會結合在一起，然後肥大細胞就會釋放出組織胺。

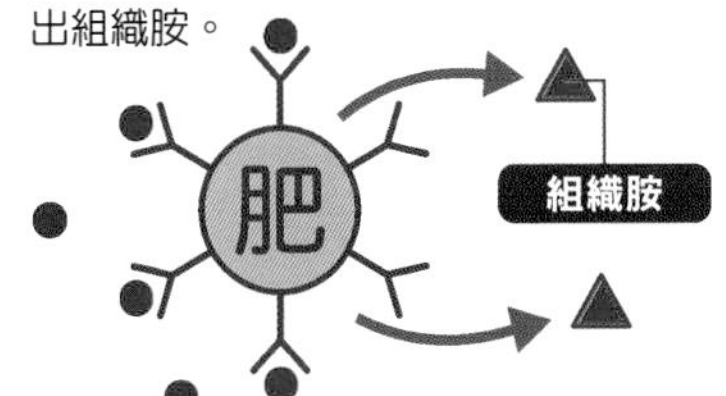

8 組織胺會對血管起作用，在鼻子、喉嚨、眼睛等處引起發炎症狀。

06 「感染病毒」是什麼樣的狀態？

［疾病］

病毒入侵人體，
導致病毒闖進細胞內的狀態！

病毒的構造很單純，**就是由外殼包覆著DNA或RNA（作為自身設計圖的物質）**。大小為1000分之1～10萬分之1公釐左右，比身為生物的細菌要小上許多，而且不具有生物特有的細胞〔圖1〕。

病毒存在於我們身旁的各個角落，一旦經由空氣或皮膚接觸等途徑進入體內，便會在體內抵達的位置開始增生。

可是，由於病毒無法憑自己的力量增加數量，因此病毒會闖進細胞內、脫去外殼，在細胞內釋放自己的基因。如此一來，病毒的基因便會在細胞內被複製，**然後細胞就開始不斷地製造病毒了**。

病毒會在細胞裡面複製自己，等到完成了就來到外面，然後接連闖入其他細胞，反覆地進行增生。**其增生的速度之快，1個病毒竟可在一天之內增加成10萬個**〔圖2〕。這個狀態就叫做感染。免疫系統一旦發動試圖排除病毒，便會產生急性發炎的症狀。因為免疫系統在體內和病毒作戰，所以會引起發燒、咳嗽、打噴嚏等症狀。

既然無法自行增加，就讓細胞來幫忙

▶何謂病毒〔圖1〕

寄生在活著的細胞上，只在細胞內增生的病原體（微生物）。體積遠比細胞來得小，構造也和細胞不同，是以外殼（衣殼等）包覆住裡面的DNA（核酸）或RNA（核糖核酸）。

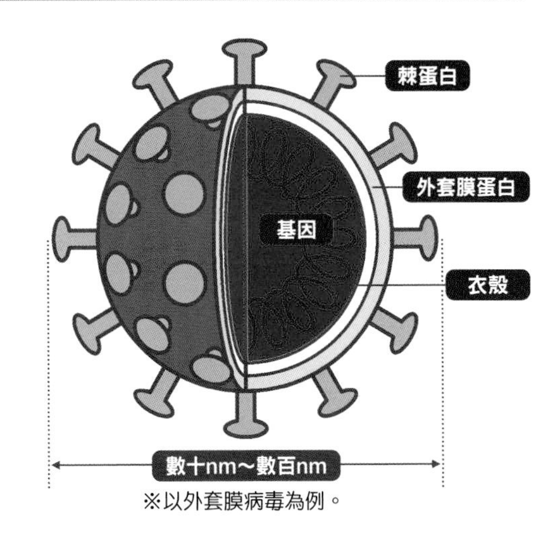

※以外套膜病毒為例。

▶一天即可激增為10萬倍〔圖2〕

病毒會在細胞裡面複製自己，不斷增生。

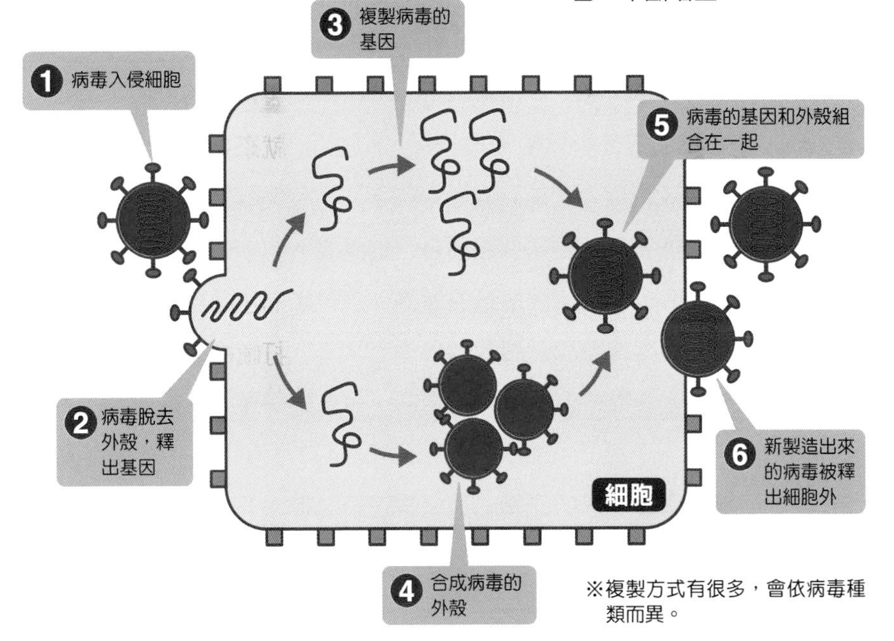

※複製方式有很多，會依病毒種類而異。

07 ［疾病］

爲何會產生頭痛？分成哪些種類？

肌肉僵硬會造成「**緊張型頭痛**」，腦血管的三叉神經受刺激會造成「**偏頭痛**」！

明明沒有感冒，頭卻好痛……。我們的煩惱根源，頭痛是怎麼產生的呢？頭痛的成因有很多，其中最常見的就是**「緊張型頭痛」**和**「偏頭痛」**。

緊張型頭痛是因為長時間維持相同姿勢，導致頭部和頸部肌肉僵硬所引起的疼痛〔圖1〕。

偏頭痛則是因為腦血管擴張，使得周圍的三叉神經受到刺激而疼痛。像是睡眠規律紊亂、用腦過度、壓力等等，容易隨著生活上的變化而產生〔圖2〕。

緊張型頭痛多半只要做做伸展，或是藉由泡澡來溫暖脖子和肩膀、改善血液循環，便能有效獲得改善。至於偏頭痛若是嚴重到會伴隨嘔吐、反覆發作，便需要服用專門的藥物。

另外還有一種是**宿醉造成的頭痛**。這是因為酒精經過分解後所產生的乙醛，使得血管擴張所引起。

其次，**冰淇淋或剉冰吃得太急時，也會讓頭產生疼痛**。其中的原因眾說紛紜，不過「人體為了讓口中驟降的溫度復原，於是擴張血管，引發偏頭痛一般的頭痛」這個說法最為有力。一般認為是因為三叉神經突然接受到冰冷的刺激，於是短暫引發和偏頭痛相同的機制。

緊張型頭痛和偏頭痛有時也會合併發作

▶何謂緊張型頭痛？〔圖1〕

頭或脖子的肌肉「僵硬」、「緊繃」刺激神經，引發疼痛。

何謂緊張型頭痛

有哪些症狀？

- 頭部感覺到非常緊繃
- 後腦到脖子一帶出現壓迫感
- 肩頸僵硬
- 暈眩

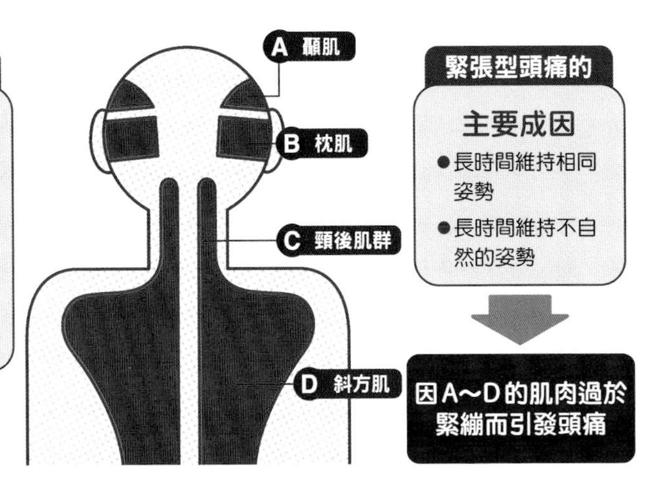

▶何謂偏頭痛？〔圖2〕

腦血管擴張，刺激到三叉神經所引起的疼痛。

何謂偏頭痛

有哪些症狀？

- 單側、兩側的太陽穴疼痛
- 隨著心跳產生陣陣刺痛感
- 身體一動，疼痛感便會增加
- 頭痛常會伴隨著嘔吐感

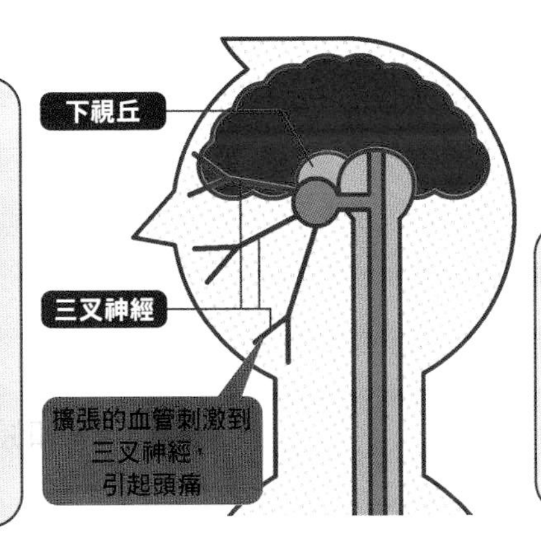

偏頭痛的

主要成因

- 睡眠不足&睡太久
- 空腹、疲勞
- 強烈的光線和氣味
- 用腦過度

08 感冒時爲何會發燒、發抖？

［疾病］

原來如此！ 是因為會產生**向身體示警的物質：細胞激素**！

感冒時，身體經常都會發燒、發抖對吧？**所謂感冒，是一種從鼻子到喉嚨的「上呼吸道」部分的急性發炎症狀**。發炎原因幾乎都是由病毒所引起，而只要病毒和身體作戰，便會產生「發炎」這種防禦反應，並隨之出現發燒、畏寒等症狀。

入侵體內的病毒會破壞細胞、增加數量（➡P22），不過這個時候，白血球會產生一種名為**「細胞激素」**的物質積極應戰。細胞激素除了會呼叫其他白血球過來，**也會刺激位於大腦下視丘的「體溫調節中樞」**。

體溫調節中樞發出體溫上升的指令後，**為了升高體溫，會讓骨骼肌微微顫抖，試圖製造出熱能**，因此身體才會抖個不停。這個情形如果持續下去，在多數情況下，體溫都會上升至38度以上〔右圖〕。

發燒所帶來的關節疼痛和倦怠感，則有著促使我們靜止不動的作用。免疫系統需要有能量才能夠運作，而這些症狀會讓我們自然而然停止動來動去，專心地治癒身體。

適度的發燒能夠提升免疫力、加強酵素反應，對身體很有益處。

病毒討厭高溫

▶感冒時的發燒原理

發燒的主要原因為白血球所釋出的細胞激素。

1 病毒進入呼吸道

病毒附著在鼻子、嘴巴、喉嚨的黏膜上。

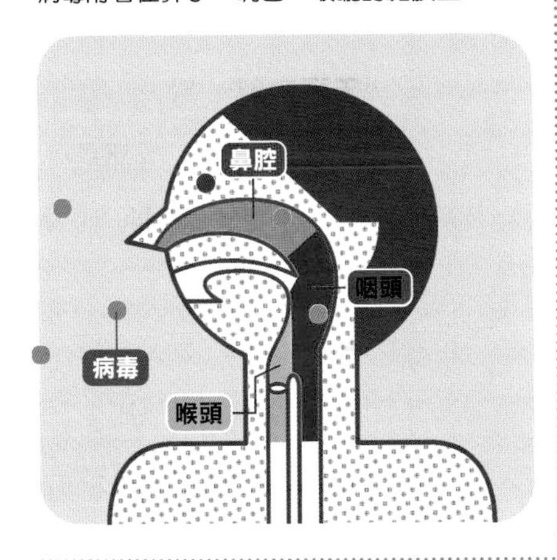

2 白血球vs病毒

白血球一旦開始和病毒作戰，便會釋放出細胞激素。細胞激素有著通知身體敵人入侵的作用。

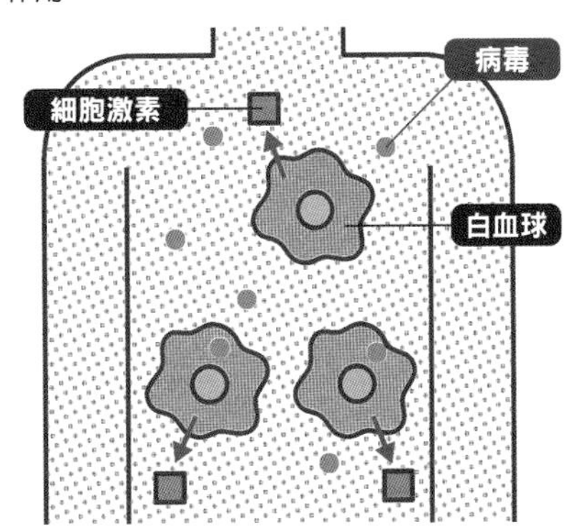

3 刺激體溫調節中樞

細胞激素也會刺激大腦的「體溫調節中樞」。

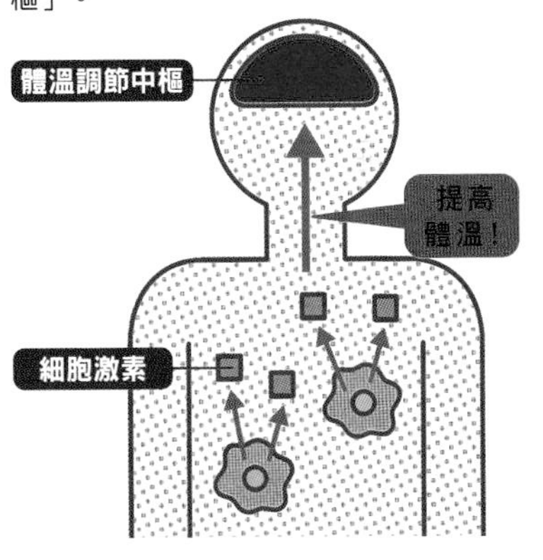

4 身體發抖

接收到提高體溫的指令後，身體各處會藉著讓肌肉顫抖來發熱。

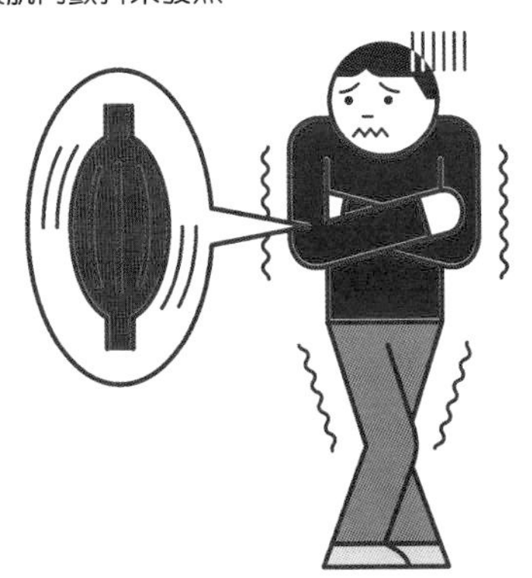

09 [睡眠] 爲何人非睡覺不可？

原來如此！

睡眠是讓腦休息、儲存能量的時間。
時間長短會因**年齡而異**！

我們為什麼要睡覺呢？人在醒著的時候會受到外界的刺激，讓腦活躍地不停運轉。**睡眠則是讓腦和身體休息、進行調整的一種狀態**，能夠讓腦和身體變得神清氣爽、消除疲勞。因此在睡眠過程中，人體全副身心的狀態都會獲得調節〔右圖〕。

睡眠時，身體會儲存清醒時活動所需要的能量。由於副交感神經會發揮作用，因此腸胃的活動會變得活潑，同時促進營養的吸收。另外，人體也會在睡眠時進行記憶的整理。像是將新學到的事物當成記憶儲存下來，或是將其刪除，都是在睡眠時進行。

目前已知人體中，有著會將白天活動時腦所產生的老廢物質，在睡眠時由神經膠質細胞（➡P145）將其去除的**膠狀淋巴系統**。該系統會藉由排出老廢物質，讓腦恢復正常運作。另外，也有學者正在進行**「睡眠抑制各種疾病產生之風險」**的相關研究。

至於**睡眠時間的長短則是會因年齡而異**。一般來說，人只要上了年紀，睡眠時間就會變短，睡眠深度也會變淺。據說這和人到了高齡之後，活動量變少，褪黑激素和生長激素的分泌減少也有關聯。其次，時間的長短也**和生長激素有關**。一如「愛睡覺的孩子長得快」這句話，由於生長激素會在睡眠時大量分泌，因此會有效促進孩子的生長發育。

孩子會在睡眠時因生長激素而發育

睡眠的功用

儲存清醒時活動所需要的能量，調節腦。以下介紹睡眠的主要功用。

讓身體休息並加以調節

利用睡眠讓身體休息，蓄積活動所需要的能量。

讓腦休息

睡眠時，膠狀淋巴系統會開始發揮作用，去除腦活動時所產生的老廢物質。

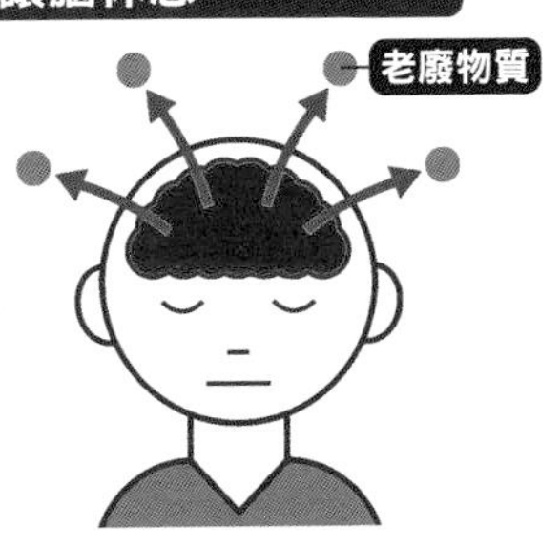

分泌生長激素

睡眠時所分泌的生長激素會促進孩子的發育成長，成人的話則是修復受損的身體。

整理記憶

據說人會在睡眠時整理新的記憶，將記憶儲存下來或是刪除。

吸收營養

睡眠時，腸胃的活動會變得活潑，積極地吸收養分。

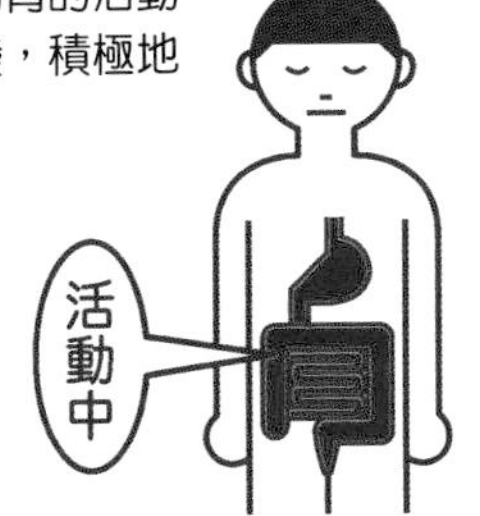

睡眠時間為何不同？

腦和身體的疲勞程度愈高，睡眠時間就愈長。另外，人也有上了年紀後活動量減少，睡眠時間會隨年齡增長而縮短的傾向。

10 [睡眠] 什麼是做夢?「快速動眼期」和「非快速動眼期」

睡覺時**大腦會整理資訊**。
淺眠的**快速動眼期會做夢**!

人在睡覺的時候會做夢。開心的夢、恐怖的夢、悲傷的夢，夢境的內容五花八門。有時是超脫現實地在天空中飛翔，有時則會出現年幼時的情景，做夢真是一種好不可思議的現象。可是，人究竟為什麼會做各式各樣的夢呢？

人在醒著時會思考許多事情，從事學習和各種體驗。這時，腦會拚命地運轉，吸收記憶和資訊。到了晚上睡覺時，腦則會試圖整理並處理白天活動時所取得的記憶和資訊。一般認為，是因為這時活化的大腦將**過去的資訊和各種記憶片段連結在一起，或是進行想像**，我們才會看見不可能出現在現實生活中的影像。

睡眠分為深眠的非快速動眼期，以及淺眠的快速動眼期〔右圖〕。做夢則是發生在快速動眼期。

非快速動眼期是讓疲憊的腦休息的睡眠，身體雖然會翻身活動，但是眼球不會轉動。快速動眼期時腦雖然會運作，進行整理記憶之類的作業，不過身體卻是在休息狀態，眼球會在眼皮底下快速轉動。**非快速動眼期和快速動眼期會在睡眠期間，大約每隔90分鐘便會交替發生**。

做夢助於整理腦

快速動眼期和非快速動眼期

睡眠分成深眠的非快速動眼期和淺眠的快速動眼期，大約每隔90分鐘便會交替發生。

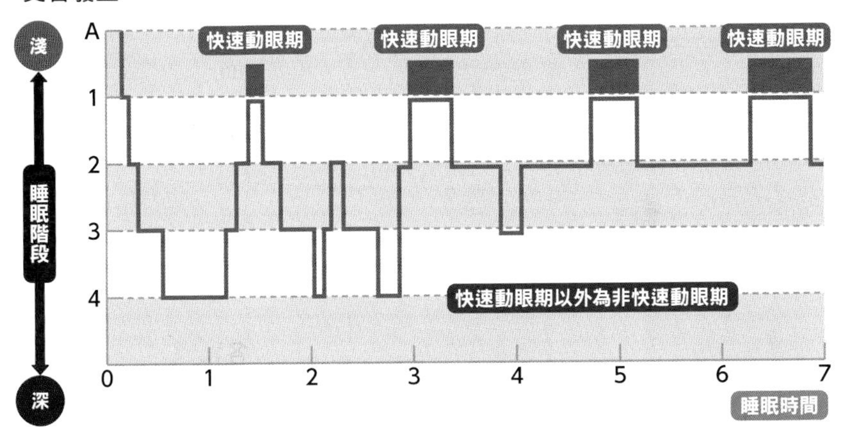

快速動眼期

睡眠深度淺而短。能夠讓疲憊的身體獲得休息，腦則持續在活動。

非快速動眼期

睡眠深度深而長。能夠讓疲憊的腦獲得休息，身體會翻身活動。

你能夠記住夢的內容嗎？

不常做夢的人其實不是沒有在做夢，而是屬於會在醒來前進入深眠的非快速動眼期的類型，所以才會不記得快速動眼期所做的夢。相反的，會記得夢境內容的人，則是屬於會在醒來前進入快速動眼期的類型。

不記得夢境內容的類型

記得夢境內容的類型

※圖表出處：Dement and Kleitman（1957）。

人一直不睡覺會發生什麼事？

蘭迪・加德納的睡眠剝奪實驗〔圖1〕

第4天

產生把交通標誌看成人的幻覺。

第9天

無法將句子講完。

第11天

注意力、精神能力低落，變得面無表情。

過去有許多研究所和大學，都曾經進行過所謂的**「睡眠剝奪實驗」**，來測試人可以保持清醒多久不睡覺。受試者身邊會有監測人員，負責監督以及和受試者說話，以防受試者睡著。

1964年，美國的17歲高中生蘭迪・加德納創下了264個小時又12分鐘，也就是**整整11天沒有睡覺的紀錄**。後來到了2007年，英國的東尼・萊特靠著一邊在網路上直播，創下了**266個小時未闔眼的紀錄**。

在結束這個睡眠剝奪實驗之後，蘭迪睡了14小時40分鐘、東尼睡了5小時30分鐘，身體便恢復原狀。相對於沒有睡覺的時間，人似乎只需透過短時間的睡眠就能復原。

進行睡眠剝奪實驗的期間會發生什麼情況呢？讓我們來看看高中生蘭迪・加德納的例子吧。

※睡眠剝奪實驗十分危險，因此金氏世界紀錄沒有將不睡覺的紀錄列入其中。

何謂半腦睡眠？〔圖2〕

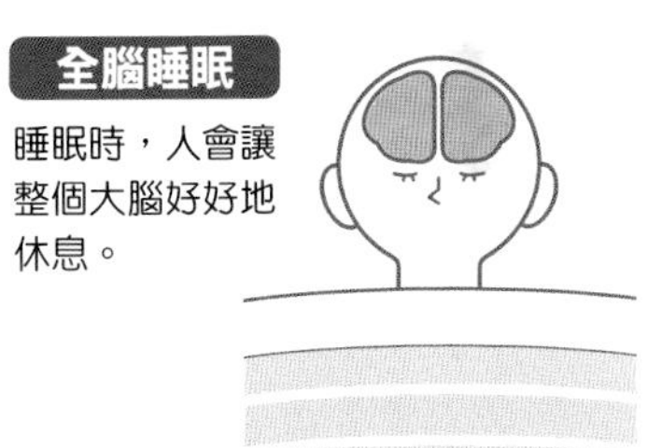

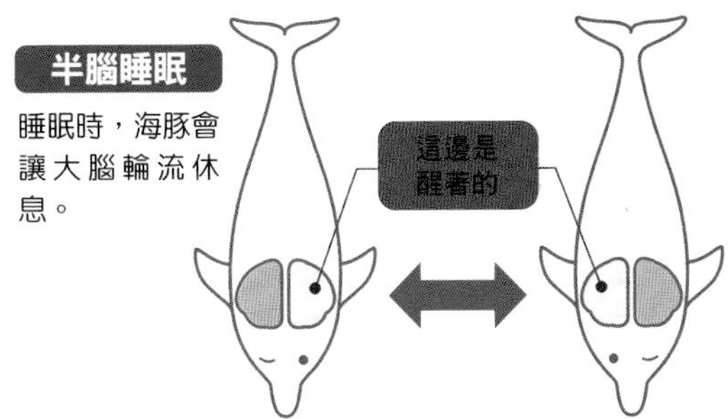

實驗第2天，眼睛變得難以對焦；第4天開始出現幻覺和記憶障礙。第6天，對話變得遲緩；第7～8天，眼睛變得無法靈活轉動，記憶喪失的情況也增加。第11天，整個人變得面無表情、沒什麼反應，注意力和精神能力皆變得低落〔圖1〕。由此可見，**不睡覺會使得腦失靈，對身體也有害**。

順帶一提，**生物之中有著看似沒有在睡覺的生物**。比方說，海豚據說會在育兒期間，整整1個月都持續不停地游泳。海豚因為是哺乳類，一旦完全睡著就會溺水，所以海豚採取的是**「半腦睡眠」**這種邊游邊睡、非常特殊的睡眠方式。

腦分為左右兩邊，而半腦睡眠是讓左右腦輪流休息的睡眠方式。據說**當海豚只閉上一隻眼睛漂浮在水中時，就是正在進行半腦睡眠**〔圖2〕。

所有生物似乎都必須用某種方法補充睡眠，才能夠活下去。像是沒有腦的水母也需要睡覺等等，睡眠至今仍有許多謎題尚待解開。

11 [腦] 何謂打呵欠？爲什麼想睡時會打呵欠？

原來如此！

有讓腦清醒的效果，然而發生原因實際上還不清楚！

像是想睡覺時、無聊時、疲倦時，人偶爾都會「打呵欠」。可是，其中的原理是什麼呢？

打呵欠是一種無意識的呼吸運動。一旦打了呵欠，頭腦便會暫時變得清醒。除了**打呵欠有讓意識變清晰的效果**外，身體會同時伸展開來這一點，也是讓整個人神清氣爽的原因之一。另外，打呵欠時會張大嘴巴吸氣。一般認為只要張大嘴巴，下巴的咬肌（咀嚼肌之一）便會大大地活動，而這個動作帶來的刺激會令腦清醒過來〔圖1〕。

打呵欠的指令，據說是由腦下視丘中名為室旁核的部位發出。根據動物實驗的結果，目前已知只要給予這裡刺激，便會誘發呵欠的產生。只不過，至今仍舊未能以科學方式找出呵欠發生的原因。

有一個說法認為，**打呵欠時吸氣會將新的氧氣帶入體內，讓腦清醒過來**。另外，也有人說打呵欠具有從清醒到睡眠、從睡眠到清醒，像這樣改變腦階段的作用。還有一種說法是，打呵欠吸入的空氣會冷卻喉嚨的血管，**然後藉由將冰冷的血液送至腦，來抑制腦的溫度上升**〔圖2〕。

打呵欠能暫時讓腦清醒

打呵欠的反應〔圖1〕

打呵欠時，像是腦會暫時變得清醒等等，身體會出現各式各樣的反應。

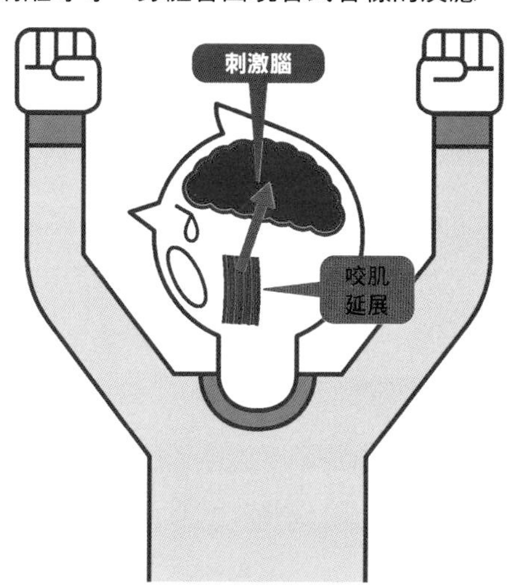

腦清醒

活動臉部肌肉的刺激會使得腦清醒過來。

流眼淚

臉部肌肉會刺激淚腺，使得囤積的眼淚流出來。

伸展身體

人在打呵欠的同時會延伸軀幹和手腳，達到伸展的效果。

打呵欠的原因眾說紛紜〔圖2〕

打呵欠的發生原因至今仍尚未查明。

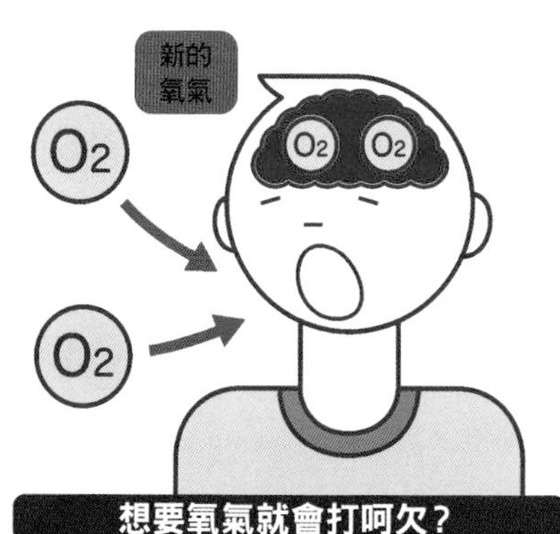

想要氧氣就會打呵欠？

這一派認為，打呵欠會將新的氧氣送至腦，讓腦清醒。只不過也有研究結果顯示，光憑打呵欠無法解決氧氣不足的狀況。

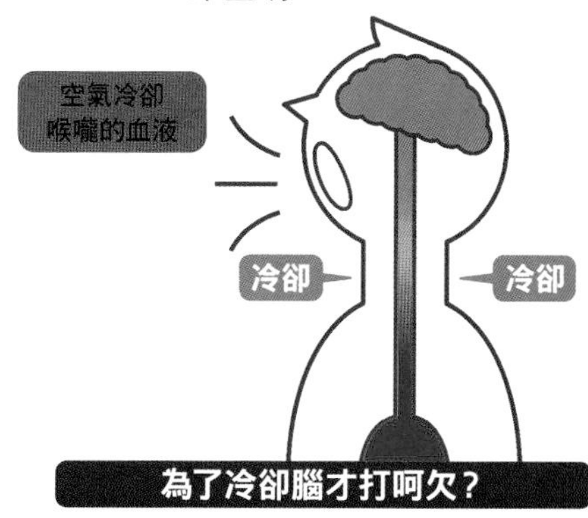

為了冷卻腦才打呵欠？

這一派認為，打呵欠吸入的空氣能夠冷卻腦。據說在低溫之下，腦比較能有效率地運作。

12 ［酒醉］「酒醉」的原理是什麼？

「酒醉」是**血液中的酒精**使**腦功能產生變化**！

喝酒之後變得「醉醺醺」是怎麼一回事呢？

酒精進入人體後，會被胃和小腸吸收、融入血液之中，然後運送至全身。這時，**被送至腦的酒精令腦功能產生的變化，就叫做「酒醉」**〔右圖〕。

根據血中酒精濃度的不同，對腦造成影響的範圍會有所差異。濃度低時，掌管腦理性部分的功能會降低，讓人頂多只是情緒變得亢奮就沒事了，然而**一旦酒醉程度加劇，掌管運動的部分功能會下降**，導致整個人走起路來搖搖晃晃。有時還會因為掌管記憶的功能下降，進入無法記憶事物的狀態。假使酒精過度抑制腦功能，就會演變成呼吸、循環狀態惡化的急性酒精中毒。

血液中的酒精是由肝臟進行處理。酒精會被酵素轉化成名為**乙醛**的高毒性物質，接著再繼續被分解成醋酸。醋酸則會被脂肪組織和肌肉分解成水和二氧化碳，最後排出體外。

每個人分解酒精的能力不盡相同。分解速度快的人擁有較多的**活性型**乙醛去氫酶，低活性型的人酒量較差，**非活性型**的人則是完全無法喝酒。

酒精會被分解成水和二氧化碳

喝酒之後會發生什麼事？

酒精會使腦功能產生變化。
在血液中的酒精被分解之前
會持續「酒醉」。

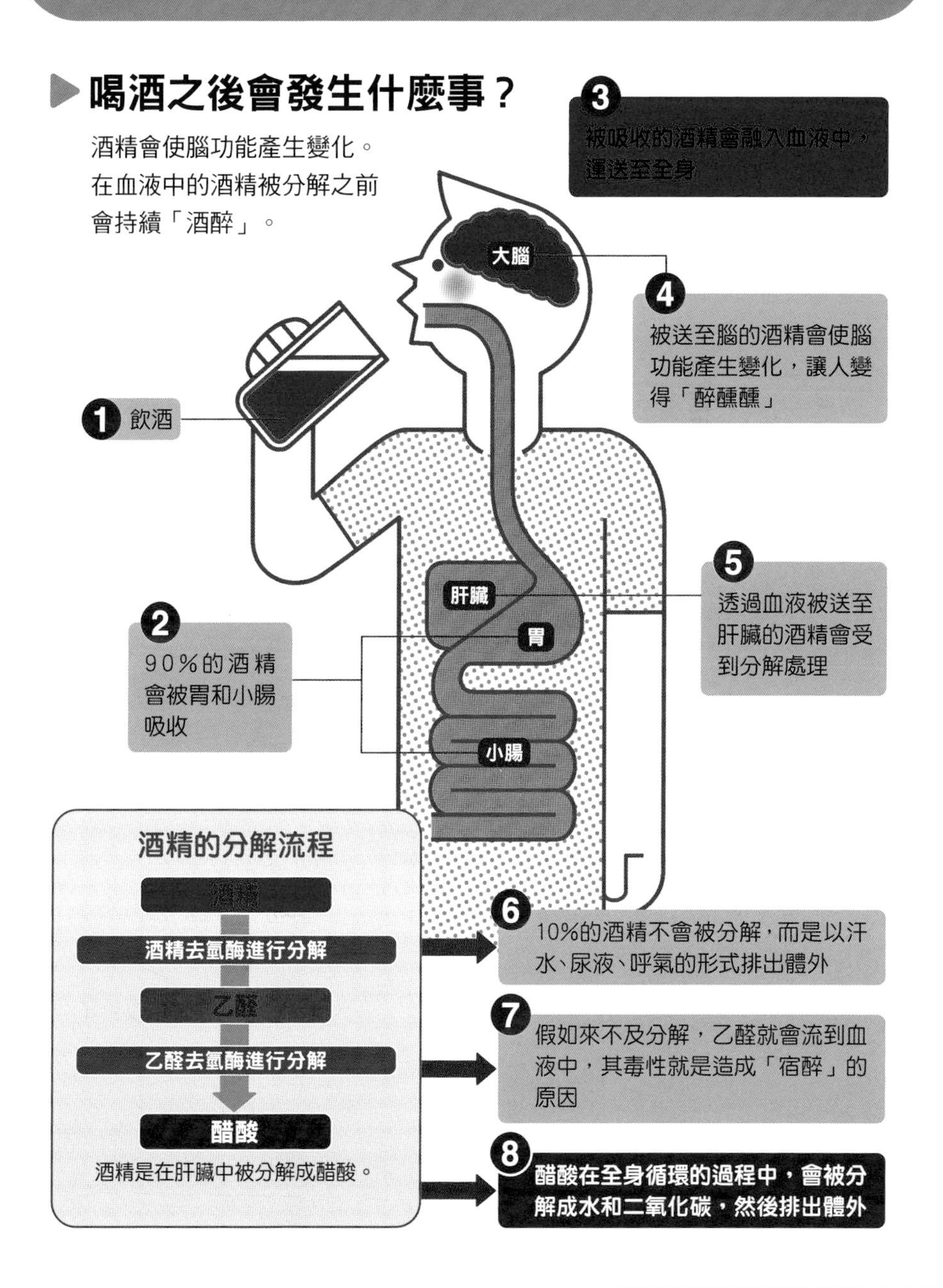

13 何謂血型？每種血型有何不同？

［血液］

差別在於有無紅血球的抗原和血漿的抗體。混合就會凝固的組合要小心

血型是以何種標準區分的呢？一般人熟知的是**ABO血型系統**，可分成A、B、O、AB這四種〔圖1〕。除此之外，還有**Rh血型系統**（＋、－）、**MN血型系統**（M、N、MN）等等。順帶一提，血型一共有超過20種的分類法。

ABO血型系統是以紅血球表面的「抗原」，以及血漿中的「抗體」種類來區分。比方說，A型血液中含有A抗原和抗B抗體，B型血液中含有B抗原和抗A抗體。假使A型血液進入到B型血液中，B型血漿中的抗A抗體會和A型紅血球的A抗原產生反應，導致血液凝固〔圖2〕，因此**A型和B型無法互相輸血**。輸血是以雙方同血型為大原則。

血型的鑑定方式，是透過抗體和抗原的反應來進行調查。一種是調查紅血球表面的A抗原、B抗原的抗原檢測，另一種是調查血漿中的抗A抗體、抗B抗體的抗體檢測，當這兩種檢測的結果一致即可判定血型。

至於Rh血型系統，則是以D抗原的有無來區分。有的是＋，沒有的是－。＋－若互相輸血一樣會使血液凝固，必須特別留意。

血液凝固的原因是抗原抗體反應

ABO血型的差異〔圖1〕

以紅血球表面的抗原和血漿中的抗體種類來區分血型。

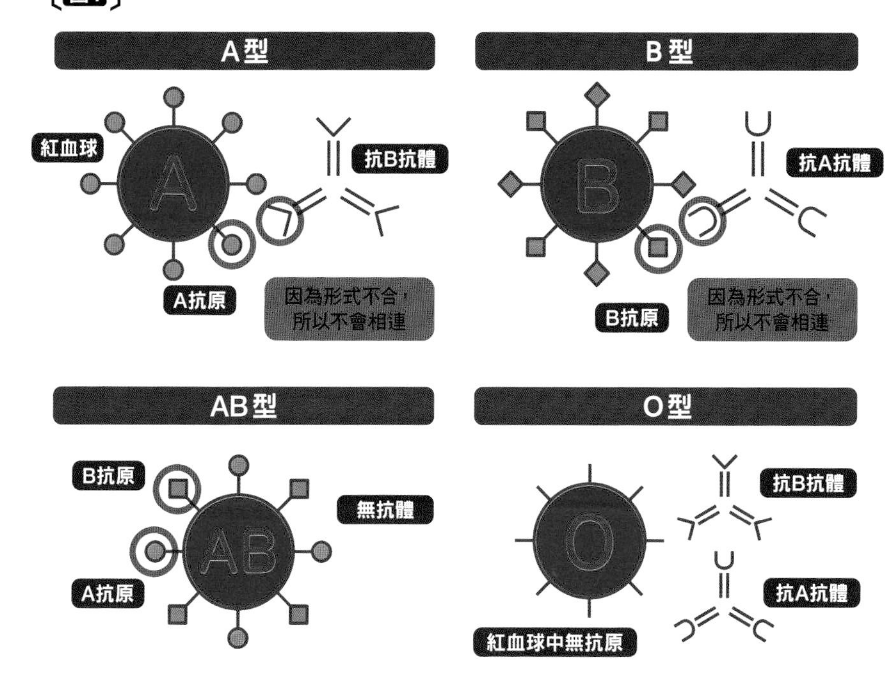

B型血液中若混入A型血液會如何？〔圖2〕

B型紅血球的B抗原會和A型血漿中的抗B抗體引發反應，導致血液產生凝固。

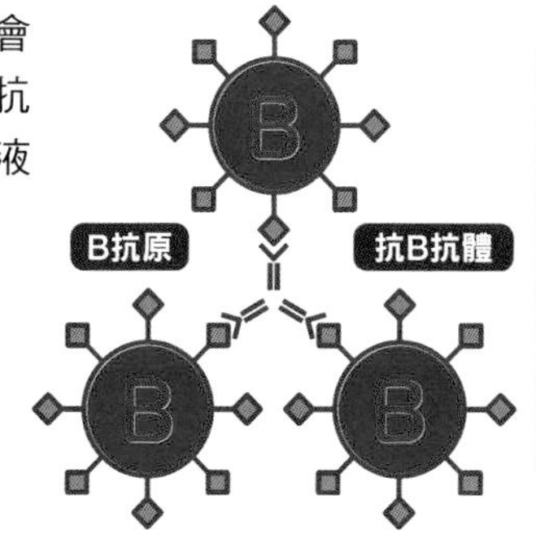

擁有B抗原的紅血球一旦黏在抗B抗體上，就會引起抗原抗體反應。

何謂抗原、抗體？

抗原是誘發體內產生抗體的物質。抗體是為了應對抗原的入侵，而被製造出來的蛋白質。抗原和抗體結合所產生的反應也是一種免疫上的反應。

14 爲什麼會流淚？

[眼睛]

淚液有許多功能。**保持眼睛濕潤、保護眼睛**，還有**表現情感**！

淚液的功能有很多〔圖1〕。**淚液是由位於上眼皮內側、名為淚腺的器官製造出來**。事實上，淚腺隨時都在分泌淚液，1天平均會分泌2～3毫升的量。這種淚液被稱為**「基礎分泌淚液」**，有著避免眼睛乾燥、保持眼睛濕潤的功用。

其次，當灰塵或是會引發過敏的異物進入眼睛時，眼睛也會產生淚液。這種淚液被稱為**「反射淚液」**，功能是保護眼睛、維持清潔。

人在感到悲傷、喜悅，或是產生共鳴時也會流淚。淚腺是由三叉神經和自律神經（➡P156）所控制，因此一般認為當人的情緒高漲時就會流淚，可是這個功能因為又有個人差異，非常地複雜，所以目前尚未明確地釐清。這種淚液被稱為**「情感淚液」**，能夠在人與人之間的細膩交流上發揮作用。

基礎分泌淚液是從位於眼頭的小點（淚點），進入到名為淚小管的管道中。然後從淚囊經過鼻淚管，流到鼻子的深處。**人在大量流淚時，除了淚水會從眼睛流出外也會流鼻水，是因為淚液也流進鼻淚管的緣故**〔圖2〕。

淚液量多時，會變成鼻水流出來

淚液的種類〔圖1〕

基礎分泌淚液

淚腺隨時都在分泌淚液，以防眼睛乾燥。

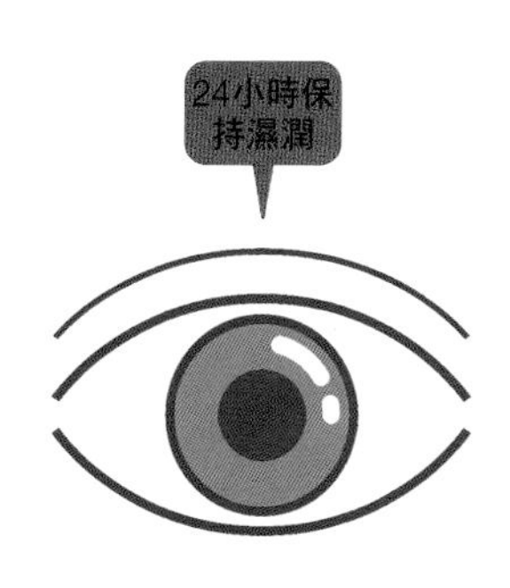

反射淚液

異物進入眼睛時，眼睛會分泌淚液將其沖到外面。

情感淚液

情緒高漲時，三叉神經的刺激會促使淚液分泌。

淚液會流入眼睛和鼻腔〔圖2〕

為避免眼睛乾燥，淚腺隨時都會分泌出淚液。一旦異物跑進眼睛，淚液量就會增加，而大量的淚水會流進眼睛和鼻腔中。

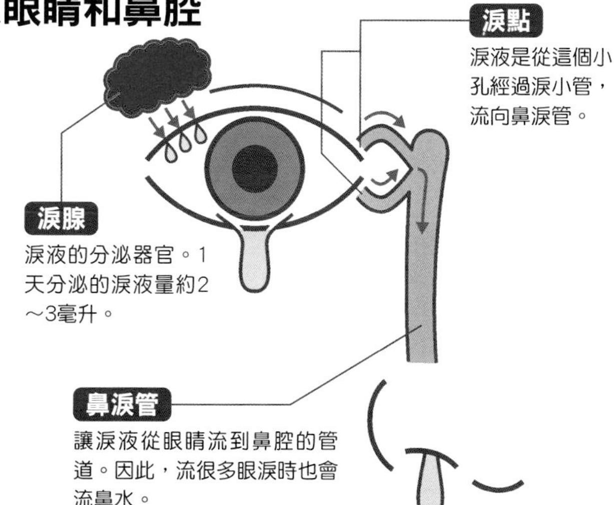

15 爲何人的眼睛顏色會不同？

［眼睛］

是瞳孔周圍的**虹膜**所含的**麥拉寧色素不同**，使得眼睛顏色相異！

黑色、藍色、褐色……等等，每個人的眼睛顏色都各不相同。究竟為何同樣都是人，眼睛的顏色卻不一樣呢？

眼睛的顏色其實是虹膜的顏色。虹膜是由調節瞳孔大小的平滑肌所構成，可調節進入眼睛的光線量。含有麥拉寧色素的色素細胞形成網狀，散布在虹膜的表面上。然後就是這個麥拉寧色素的量、濃度、分布狀況的差異，使得眼睛的顏色看起來不同。

舉例來說，色素的量如果很多，虹膜看起來就會偏黑；假如少於這個量，看起來就會是褐色〔右圖〕。

虹膜的色素細胞的網狀會呈現出什麼圖樣，是每個人生來就決定好的。小孩子的眼睛顏色雖然是由遺傳決定，不過虹膜的圖樣是在母親肚子裡時隨機決定的，因此即便是同卵雙胞胎也會不同。

虹膜所形成的網狀圖樣就像指紋一樣，每個人都不盡相同。指紋會隨著年齡增長而磨損，虹膜卻因為受到眼皮和角膜的保護，一輩子都幾乎不會改變。因此，虹膜才會被運用在生物辨識（**虹膜辨識**）上。實際上，目前已有部分機場會在入境時，使用虹膜辨識進行身分認證。

虹膜被運用在生物辨識上

眼睛的顏色由虹膜決定

眼睛的顏色就是虹膜的顏色，每個人各不相同。

虹膜的圖樣

色素細胞擴散成網狀，而網狀的圖樣是每個人生來就決定好的。虹膜的圖樣也被運用來進行生物辨識。

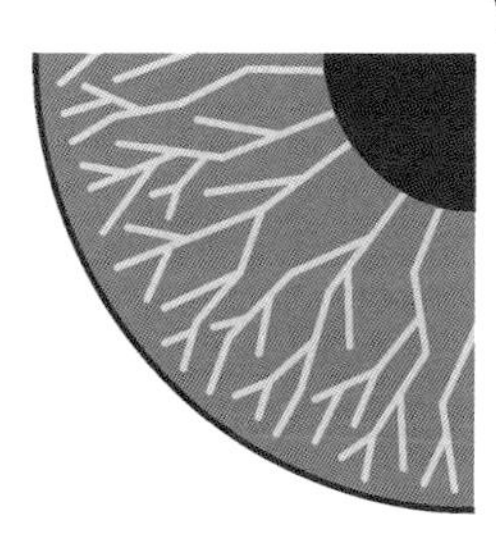

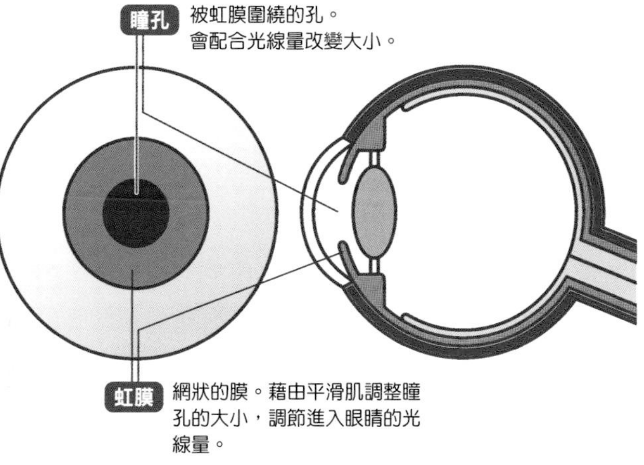

麥拉寧色素的差異使顏色產生變化

色素細胞在虹膜的表面擴散成網狀，而其中所含的麥拉寧色素的量、濃度、分布狀況，使得眼睛顏色產生變化。

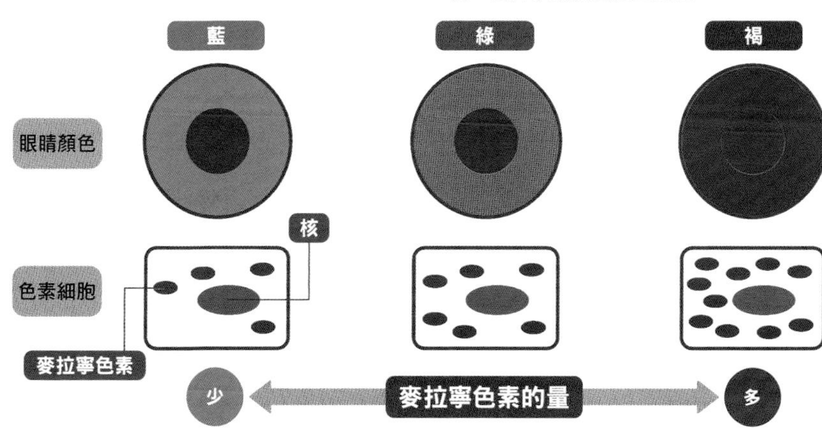

手槍的子彈有辦法在看到後避開嗎？

假設拿槍的人站在10公尺外的地方。人有辦法在看到朝自己飛來的子彈後成功閃避嗎？

子彈的初速會依種類的不同，大致落在秒速250～500公尺之間，不過這裡就先假設**子彈是以秒速250公尺**飛過來。因此，**子彈從10公尺外抵達的時間為0.04秒（40毫秒）**。

人從接受到某種刺激，直到做出行動反應為止的時間稱為**「反應時間」**。根據感受到光線和聲音後儘快按下按鈕的實驗，結果顯示**人的反應時間為0.15～0.3秒**。由此可見，人根本來不及閃避子彈。

不僅如此，閃避子彈的動作比按下按鈕的動作更加複雜。需要做出的判斷或動作愈複雜，反應時間就會愈長。舉例來說，假設開車途中突然有貓衝了出來。貓衝出來的視覺資訊會傳遞至腦，腦於是做出「緊急煞車！」的判斷。這個指令會經由運動神經傳遞至腿部，使人

何謂反應時間？〔圖1〕

人從受到刺激之後，直到做出行動反應為止的時間。如果是複雜的動作（例：1～3的反應時間），會需要花上0.75秒。

1 目視到貓。

3 用腳踩煞車。

踩下煞車……根據研究，這整個過程的反應時間需要花上約0.75秒〔圖1〕。儘管每個人情況有所不同，但是就人體的構造來看，行動速度恐怕是無法再更快了。**因此，憑人類的能力是絕對無法像電影一樣閃避子彈的**。

可是，若是利用機器的力量來取代腦和神經所形成的網絡，就有可能縮短反應時間。目前已有研究人員開發出在人體上穿戴攝影機和EMS（肌肉電刺激）的裝置，藉著**讓機器取代腦發出指令**，來縮短反應時間的機制。

在人體上安裝雷達，一旦偵測到有子彈飛過來，就利用電刺激直接讓肌肉動起來，改變自己的姿勢以閃避子彈，這樣的方式不曉得各位覺得如何〔圖2〕？如果是電刺激，就能在數十毫秒內令肌肉收縮。雖然無法完全避開子彈，但如果是避開要害說不定就能辦到。這種技術被稱為**「人類機能強化（Human Augmentation）」**。

機器閃避子彈的過程模擬〔圖2〕

1 利用雷達偵測朝自己飛來的子彈。

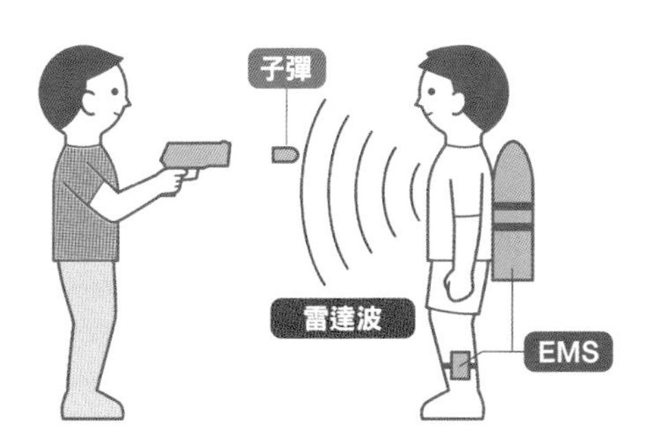

2 偵測到危險後刺激肌肉、改變姿勢，閃避子彈。

16 [感覺] 爲什麼會有「好痛!」、「好燙!」的感覺?

身體除了「觸覺」外，還有「痛覺」、「溫覺」、「冷覺」、「壓覺」！

人是如何感受「好痛！」、「好燙！」之類的感覺呢？

五感之中的「觸覺」是經由皮膚來感受。只不過，除了觸碰到物體的感覺「觸覺」外，還有疼痛的感覺「痛覺」、溫暖或熱度的感覺「溫覺」、涼爽或冰冷的感覺「冷覺」，以及被什麼東西壓住的感覺「壓覺」。**各種不同的刺激，都是透過對應該感覺的受器（感覺點）來接收**。

受器分為觸點（壓點）、痛點、溫點、冷點這4種，分布於全身的皮膚上〔圖1〕。

受器中，梅斯納氏小體占了4成以上，其作用是接收觸覺。游離神經末梢感知痛覺、溫覺、冷覺，巴齊尼氏小體感知壓覺和觸覺（震動），克氏終球感知冷覺、壓覺和觸覺，默克氏盤感知觸覺和壓覺，魯菲尼氏小體則是感知觸覺※。

其中，痛覺是通知身體正處於危險狀態的重要感覺。被割傷、瞬間受到壓迫這類強烈的刺激會以尖銳痛楚的形式，經由神經被傳送至腦。極度的高溫、低溫，也會以疼痛的形式被感受到。

順帶一提，指尖和嘴巴周圍之所以能夠更敏銳地感受到疼痛和冷、熱，是因為受器密度較高的緣故〔圖2〕。

※發現溫度和觸覺受器的科學家，於2021年獲頒諾貝爾生理醫學獎。

每種受器都負責感受不同的刺激

▶受器的原理機制〔圖1〕

由皮膚的受器（感知器）捕捉對皮膚造成的刺激，然後經由神經傳送至腦。

感覺	密度	說明
觸覺	25個／cm²	觸碰到物體的感覺是由梅斯納氏小體等進行感知。
溫覺	0～3個／cm²	45℃為止的熱度感覺是由游離神經末梢進行感知。
冷覺	6～23個／cm²	10℃為止的寒冷感覺是由游離神經末梢等進行感知。
壓覺	25個／cm²	按壓皮膚的感覺是由巴齊尼氏小體等進行感知。
痛覺	100～200個／cm²	疼痛的感覺是由游離神經末梢進行感知。 （10～45℃以外的溫度是由痛覺進行感知）

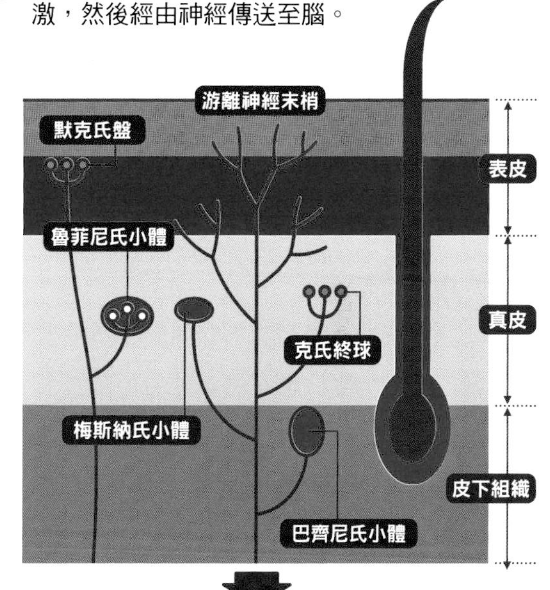

▶身體各部位的敏感度差異〔圖2〕

4種感覺是由皮膚上的受器所產生。受器的數量和分布狀況皆會因身體部位而異，該部位的受器愈多，感覺就愈敏銳。

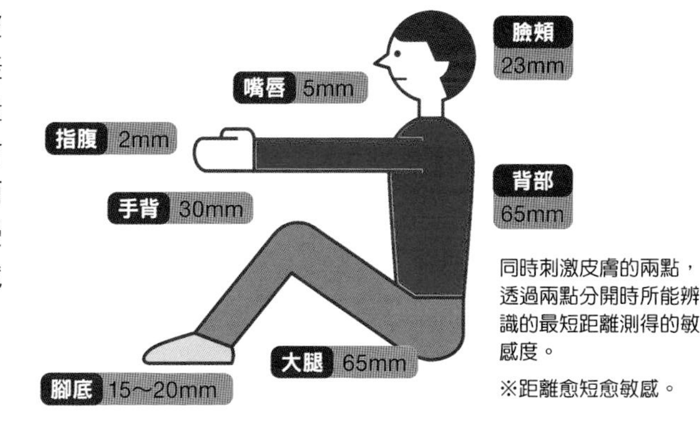

同時刺激皮膚的兩點，透過兩點分開時所能辨識的最短距離測得的敏感度。

※距離愈短愈敏感。

17 ［毛髮］ 毛髮爲何會一直生長？

在毛根的最底部**細胞分裂**，
毛球**壽命結束之前會持續生長2～6年**！

頭髮是由名為**「角蛋白」的蛋白質構成**。究竟「毛髮」是如何生長出來的呢？

毛髮埋在皮膚底下的部分稱為毛根，露在皮膚外面的部分稱為毛幹。毛根的最底部叫做毛球（毛基質），細胞會在此進行分裂，毛髮於是不停地生長。這時，色素細胞會進入毛髮內，形成毛髮的顏色。

人的頭髮約有10萬根。儘管每個人的狀況不同，但是**頭髮大致一個月會生長10～20公釐，毛球的壽命則為2～6年**。在這段期間，頭髮會持續生長（生長期），一旦壽命結束便會停止生長（退行期）。停止生長的頭髮會慢慢地被往上推到皮膚外面（休止期），不久後便會脫落。頭髮生長凋零的週期稱為毛髮生長週期，一根頭髮從誕生到脫落，大約會經過3～6年的時間〔右圖〕。

製造出毛髮的細胞稱為基質細胞。每次**毛髮生長週期，基質細胞都會從幹細胞中分裂，重新長出毛髮**。可是，幹細胞會隨著年齡增長而停止分裂，毛髮於是隨之減少。色素細胞一旦減少，頭髮就會變成白色。雖然頭髮會隨著老化而逐漸變得稀疏，不過最近有專家正在研究肥胖和落髮之間的關聯性。

頭髮會反覆成長和脫落的過程

頭髮的循環週期

頭髮生長凋零的週期稱為毛髮生長週期。會不停反覆生長期、退行期、休止期的循環。

1 生長期

基質細胞分裂，頭髮持續生長。

2～6年

2 退行期

毛球和毛乳頭退化。幹細胞從隆起部位產生。

3個星期

3 休止期

毛髮停止生長，進入等待脫落的狀態。

約2～3個月

4 成長期初期

毛髮上升至表面後脫落。在此同時，新的毛髮也準備開始生長。

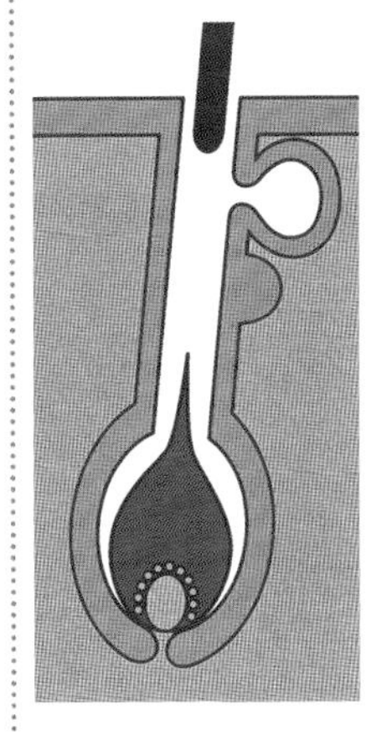

幹細胞分化生出基質細胞等，毛球於是再生。

皮脂腺

隆起部位

毛球（毛基質）

基質細胞

毛乳頭

幹細胞 分化生成基質細胞、色素細胞的細胞。

毛乳頭 從微血管給予毛髮養分。

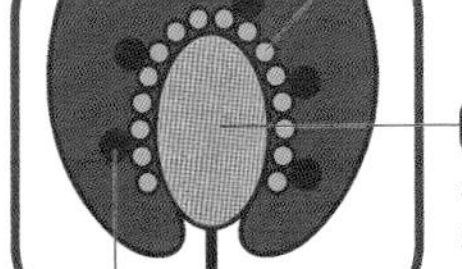

18 何謂「壓力」？為什麼會感覺到壓力？

［壓力］

外界刺激的負荷會成為壓力。
人能夠透過**克服壓力**獲得成長！

壓力，據說是源自意味著痛苦、苦惱的英文「distress」。那麼，究竟什麼是「壓力」呢？

所謂壓力，指的是外界為身體帶來的所有「負荷」〔圖1〕。其種類可分為：熱或冷、噪音帶來的物理壓力、藥物或大氣中有害物質所帶來的化學壓力、病毒或細菌所帶來的生物壓力、工作或人際關係所帶來的心理壓力等等。其中，**近年來尤為常見的就是心理壓力**。

適當的壓力擁有激效效果（少量壓力使身體發揮更好表現的效果），能夠為我們帶來益處。舉例來說，在人前演講的時候，一旦因為緊張而感受到壓力，人體除了分泌荷爾蒙，交感神經也會變得活躍，心跳數也會增加。等到慢慢習慣演講之後，副交感神經便會處於優勢，情緒也會隨之平靜下來。**我們便是像這樣透過適當的壓力來鍛鍊自律神經的作用，在不斷克服壓力的過程中度過每一天**〔圖2〕。

可是，假使壓力長期超過身體所能適應的範圍，交感神經和副交感神經就會失衡，導致身體出現狀況。**壓力的量和種類如果適當就對我們有益，一旦過剩就會有害健康**。

壓力會刺激自律神經和荷爾蒙分泌

各種壓力的成因〔圖1〕

感受到壓力的各種原因可分為以下5種。

物理壓力

來自外界的直接刺激。

- 溫度
- 光線
- 噪音
- 震動等

化學壓力

化學物質帶來的刺激。

- 香菸
- 酒精
- 大氣汙染等

心理壓力

情緒波動所引發的刺激。

- 不安
- 憤怒
- 悲傷
- 喜悅等

生物壓力

傳染病所帶來的刺激。

- 細菌
- 病毒
- 花粉症等

社會壓力

社會生活所引發的刺激。

- 職場環境
- 家庭問題等

何謂壓力反應？〔圖2〕

荷爾蒙分泌 ⟷ **腦** ⟷ **自律神經**

壓力是由腦來承受。

荷爾蒙分泌

β腦內啡

具有緩解不安、緊張的作用。俗稱腦內啡。

皮質醇

具有活化代謝活動和免疫，保護身體對抗壓力的作用。

自律神經

此時交感神經發揮作用，在血液中分泌腎上腺素。

腎上腺素會使血壓上升、心跳數增加、沒有食慾。

副交感神經變得活躍，心情和身體平靜下來

19 人為什麼會想睡覺？

［睡眠］

「體內平衡」、「生理時鐘」、「維持清醒狀態」的機制與睡眠有關！

我們為什麼會在差不多一樣的時間想睡覺呢？

人之所以會有睡意，和調整身體狀態的**「體內平衡」**、**「生理時鐘」**、**「維持清醒狀態」**有關〔圖1〕。

體內平衡是一種只要醒著，睡意就會慢慢逐漸累積的機制，清醒的時間愈長，腦就會累積愈多的疲勞物質，進而讓人產生睡意。

生理時鐘是一種以大腦視交叉上核所釋放出、週期約為24小時的節律訊號，讓身體與一天的晝夜變化同步的機制。在生理時鐘的作用下，一到夜晚，身體便會切換成休息模式，自然而然地產生睡意。一般認為，生理時鐘與天色一暗，人體便會分泌出來的荷爾蒙褪黑激素有關。

另外，腦內還有使人清醒的神經細胞機制**「清醒系統」**，以及促使入睡的神經細胞機制**「睡眠系統」**。比方說當清醒系統減弱、睡眠系統居於優勢時，人就會想睡覺，這兩者之間的強弱關係決定了人體的狀態〔圖2〕。

清醒和睡眠的切換，也和名為食慾素的神經傳導物質有關。食慾素是**「維持清醒」**很重要的荷爾蒙，能夠對腦發揮作用，讓身體維持在清醒狀態。

食慾素能讓清醒狀態保持穩定

引發睡意的兩種機制〔圖1〕

因為累了所以想睡的「體內平衡」和「生理時鐘的週期」都會引發睡意。一般認為，生理時鐘和褪黑激素有關。褪黑激素的分泌會受到光線的抑制，白天分泌量少、晚上分泌量多。

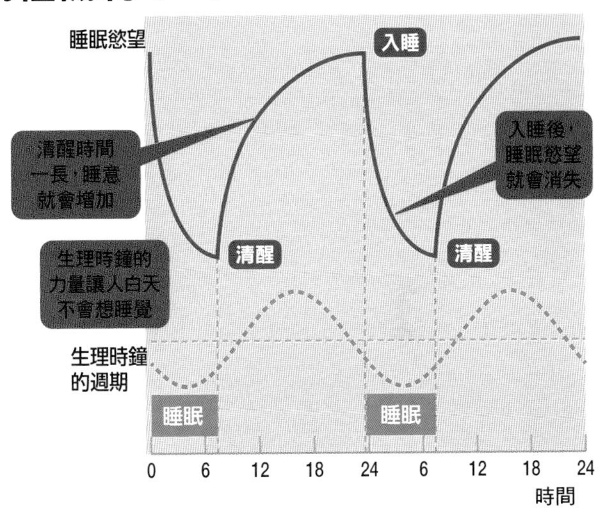

睡眠狀態和清醒狀態〔圖2〕

促使入睡的系統和促使清醒的系統就像蹺蹺板一樣互相抑制，而這兩種狀態的切換與食慾素有關※。

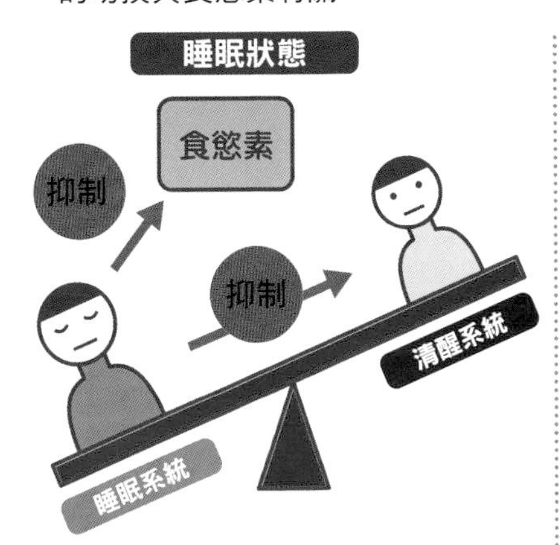

睡眠時，腦內的睡眠系統會發揮作用，抑制促使清醒的系統。

清醒時，清醒系統會發揮作用，同時食慾素會維持並穩定清醒狀態。

※日本率先針對食慾素進行研究。

20 「疫苗」的原理是什麼？

［免疫］

藉由事先製造出後天免疫，排除病原體的疾病預防法！

接著，我們來了解防止感染病原體的**「疫苗」**的原理吧。

病原體入侵體內後，先天免疫和後天免疫的機制便會與病原體作戰（➡P18）。由於人體需要一段時間才能獲得免疫、產生抗體，因此若無法阻止病原體增生，病情就會惡化。

疫苗是一種利用後天免疫的機制來預防疾病的方法。藉由事先讓身體記住病原體，來鍛鍊體內的免疫細胞〔圖1〕。只要利用疫苗在體內製造出抗體，疫苗的資訊就會被免疫細胞記住，等到下次和疫苗相同種類的病原體入侵時，就能迅速將其排除了。

目前的疫苗有以下幾種。

活性減毒疫苗是將毒性弱化的病毒接種於體內。

不活化疫苗是使用無毒或減毒的病毒。由於病原體會經過去除活性的處理，因此即使當成疫苗接種於人體，也幾乎不會產生症狀。

基因疫苗是一種打入基因，在體內製造出抗原蛋白質的技術。**mRNA疫苗**也是該技術之一〔圖2〕。至於在體外製造出抗原蛋白質後接種的疫苗，則稱為**重組蛋白疫苗**。

事先製造出抗體迅速排除病原體

▶疫苗的原理（以不活化疫苗為例）〔圖1〕

將某病原體的毒性去除，製成疫苗後注入體內，藉此事先創造出免疫力，保護身體不受該病原體攻擊。

1 施打疫苗

接種以不具毒性的病原體製成的疫苗，事先在體內創造免疫力。

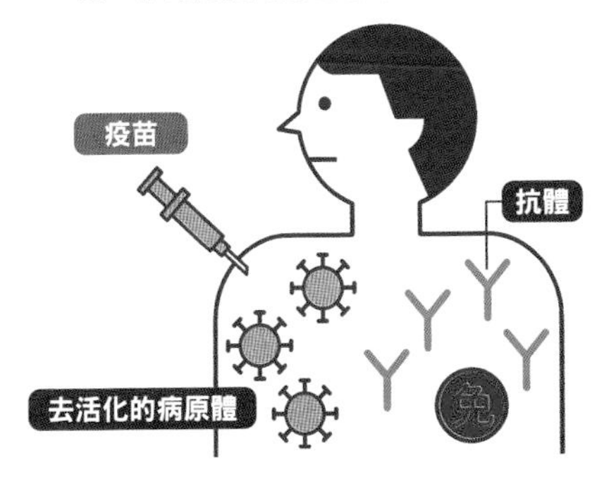

2 對抗病原體

即便和疫苗相同種類的病原體入侵，也因為馬上就能製造出抗體，能夠很快就將病原體排除。

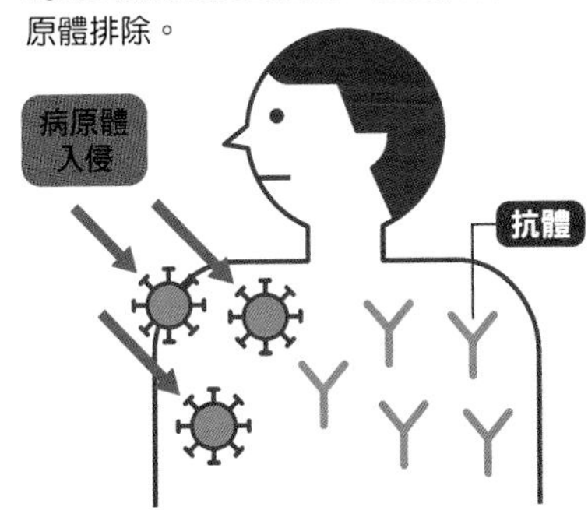

▶基因疫苗的原理〔圖2〕

鎖定合成病原體之抗原蛋白質的基因，以mRNA的形式投予該基因。只在體內製造出抗原蛋白質，形成抗體。

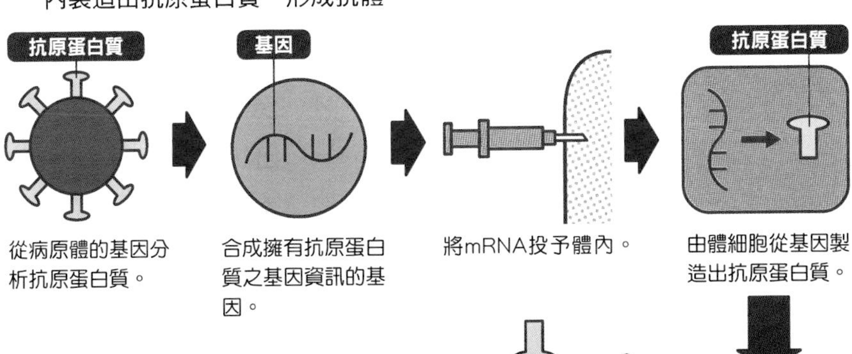

何謂「火場怪力」？

當家裡發生火災時，用平常意想不到的巨大力氣將重物搬出來就叫做**「火場怪力」**，可是事實上人真的有那種力量嗎？

我們的肌肉是受到腦所管控。比方說，我們在拿起咖啡杯時並不會用到手臂所有肌肉的力量，但是在抬起家具等重物時，腦就會下達指令要身體使用許多的肌力。

這時，人因為家具太重而感到「我不行了！」的極限稱為**「心理極限」**。但其實即便是這種時候，人依舊沒有發揮所有的肌力。由於一旦將肌肉運用到極致，就會發生組織或肌腱斷裂、骨折等身體上的損傷，因此腦會適時地踩煞車，以免超越這類**「生理極限」**。

至於當腦的抑制失效，人無意識地發揮出接近生理極限的力量，就稱為「火場怪力」〔右圖〕。一般來說，「心理極限」為最大肌力（生理極限）的60～70%，火場怪力則據說能夠達到最大肌力的

非緊急時刻也能發揮嗎？

90%。

那麼，除了火災這種急迫的狀況，人在其他時候也能有意識地發揮火場怪力嗎？

像是透過**喊叫**（大聲吶喊）、**為自己加油**，還有**催眠**等等，也都能夠擺脫腦的抑制。就有實驗證明，喊叫可提升約12%，催眠可提升高達27%的肌力。好比許多運動選手在比賽中會大聲吆喝一樣，「喊叫效果」尤其有助於發揮出平常所沒有的力量。換句話說，**人確實可以透過訓練，在某種程度上擺脫腦的抑制**。

只不過，這麼做因為會將肌力使用到接近生理極限，受傷的風險自然也會提高。火場怪力是用來應付緊急狀況的力量，如果想要鍛鍊肌肉，建議還是去做重訓吧。

心理極限與生理極限

平時在腦的抑制下，覺得好重、抬不起來的家具⋯⋯。

心理極限

生理極限＝火場怪力

因腦的抑制在急迫狀況下失效，產生接近肌肉極限的力量，結果能夠抬起來了！

21 [基礎] 發胖爲何對身體有害？

過度肥胖是**各種疾病的根源**！
有研究顯示會**縮短10年壽命**！

當體重超標，尤其是脂肪細胞數增加和脂肪過度囤積就稱為**「肥胖」**。**造成肥胖的主要原因是飲食過量和缺乏運動**。使人有動力從事活動的能量單位叫做**「卡路里」**。人為了避免餓死，本來就會將食慾控制成吃下的卡路里高於消耗的卡路里。

假使因為飲食過量或缺乏運動，導致吃下的卡路里持續超過消耗量，多餘的卡路里就會轉換成脂肪組織，儲存在身體內。被囤積在體內的脂肪之中，**內臟周圍的脂肪叫做「內臟脂肪」，皮膚底下的脂肪叫做「皮下脂肪」**。

內臟脂肪一旦增加，就會引發慢性發炎這種緩慢侵蝕身體的發炎反應。不僅降低血糖值的荷爾蒙胰島素的功能會變差，脂肪細胞還會分泌出有害的荷爾蒙，進而引發高血壓、高血脂、糖尿病等疾病。

另外，過胖還會增加**心肺功能**、**骨骼**、**關節的負擔**。像是**腰痛**、**膝蓋痛**、**容易骨折**等等，肥胖堪稱是人的萬病根源。肥胖也會影響到壽命的長短，就有調查結果顯示，**重度肥胖者會減少約10年的壽命**。肥胖是由身體質量指數（BMI）進行判定，以日本來說，BMI25以上的人就算是肥胖。

在日本，BMI25以上就算肥胖

▶何謂肥胖？

攝取卡路里如果高於消耗卡路里，脂肪就會儲存在體內，逐漸發胖。

消耗卡路里  攝取卡路里  發胖！

1天所需的卡路里是多少？

1日所需的能量可以用「基礎代謝量×身體活動程度」來計算。如果吃超過這個卡路里的量，就會有發胖的風險。

以30～49歲男性為例	以30～49歲女性為例
2,700 kcal	2,050 kcal

※實際上會因身高、體重而有所不同，此數據僅供參考。

怎樣算是肥胖？

脂肪會附著在皮膚底下和內臟周圍。在日本，BMI值超過25就算肥胖。

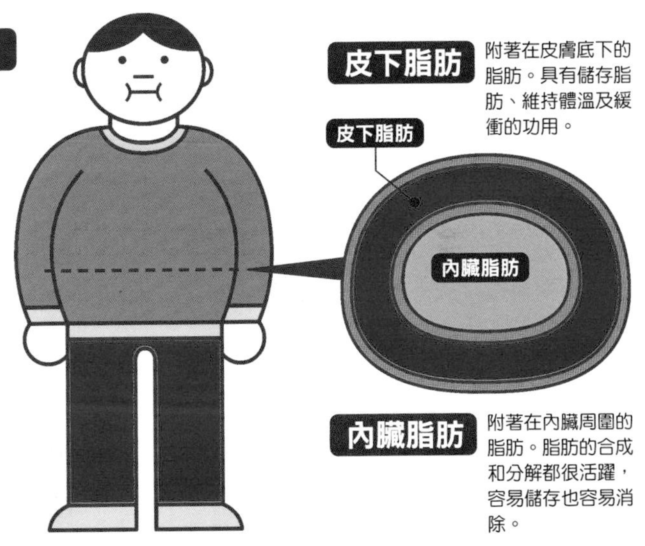

皮下脂肪 附著在皮膚底下的脂肪。具有儲存脂肪、維持體溫及緩衝的功用。

內臟脂肪 附著在內臟周圍的脂肪。脂肪的合成和分解都很活躍，容易儲存也容易消除。

何謂BMI？

顯示肥胖程度的指標。計算方法為世界通用，依據世界衛生組織的標準，若BMI值超過30就算肥胖，在日本則是超過25以上。

$$\text{BMI}\ (\text{kg/m}^2) = \frac{\text{體重 (kg)}}{\text{身高 (m)} \times \text{身高 (m)}}$$

※1日所需的卡路里是依據日本厚生勞動省「日本人的飲食攝取基準」算出。以身體活動程度「普通」（日常生活的內容以坐著工作為主，會進行職場內的移動、通勤、購物等行動）進行計算。

22 [骨骼] 爲何會中途停止生長？

青春期過後**生長板會閉合**，骨骼因此不再生長！

剛出生的嬰兒身高約為50公分，之後人就會開始不斷地長大，但為何後來又會中途停止生長呢？

首先，我們先來了解一下人的生長機制。人的身高並非是以一定的速度持續生長，**而是一共分為3個成長階段**。人到了青春期，在性荷爾蒙和生長激素的作用下，身高會加速成長，但是過了巔峰之後，生長速度就會逐漸趨緩，身高也隨之停止成長〔圖1〕。

人之所以會長高，是因為骨骼生長的關係。人在處於生長期時，手臂骨、腿骨等較長骨骼的兩端會有**生長板**（名為生長板軟骨的特殊軟骨）。由於這個軟骨生長後會形成骨骼，骨骼於是就不斷增長=不斷長高。

青春期大量分泌的生長激素能夠活化生長板細胞的作用，讓骨骼不停生長。可是一旦過了青春期，生長板軟骨就會消失，**因為失去了生長板，骨骼不再生長**，身高於是也就跟著停止發育〔圖2〕。

不僅如此，人在長大成人後，身高反而還會縮水。縮水的原因有很多，其中之一就是形成脊骨的**「椎間盤」隨著年齡增長而變薄，結果導致身高縮水**。

人的生長時期分為3階段

何謂生長曲線？〔圖1〕

人首先會在幼兒期大幅成長（出生時約50公分→1歲時約75公分）；之後進入青春期，身高會再次急劇增加（巔峰時，男生約10公分／年，女生約8公分／年）；而青春期一結束，身高就會停止生長。

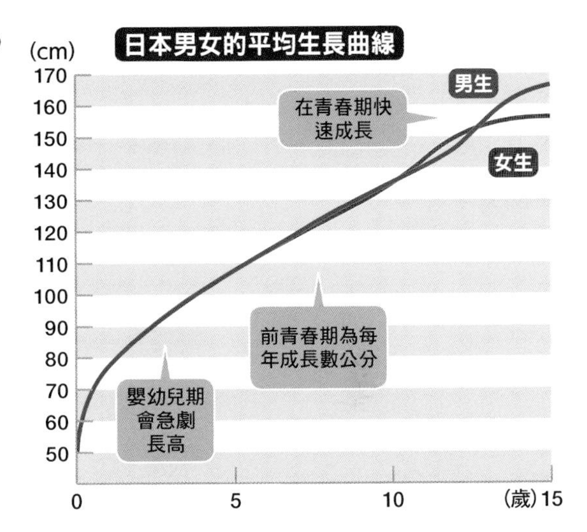

何謂生長板？〔圖2〕

孩子的骨骼兩端有名為生長板的軟骨，骨骼會隨著生長板增生而不斷生長，一旦生長板閉合，骨骼便會跟著停止生長。

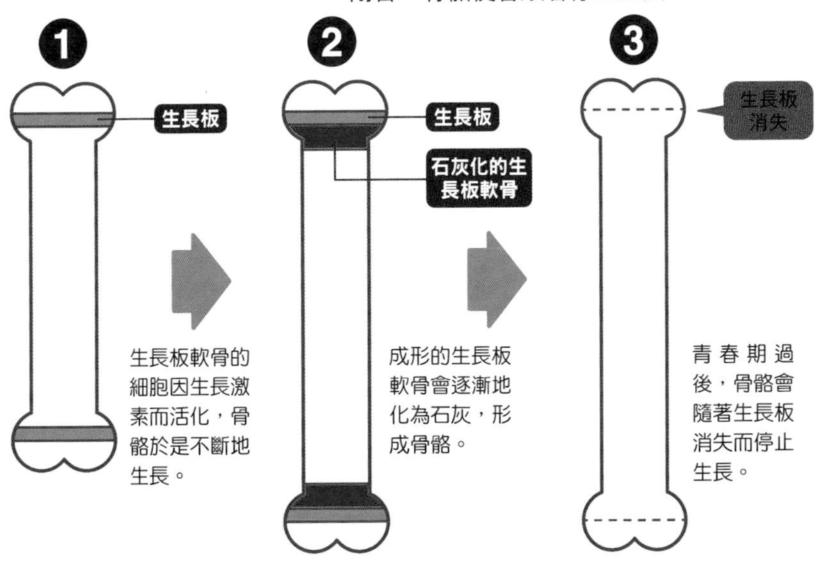

※圖表是依據「子どもの低身長を考える成長相談室」（https://ghw.pfizer.co.jp/smartp/grow/about.html）製成。

23 爲什麼會戒不了菸？

［腦］

因為**腦無法脫離**香菸帶來的「**愉快刺激**」！

無論如何就是想抽菸……沒辦法戒掉每天喝酒的習慣……。為何人會無法憑藉自身意志停止那些行為呢？

想停止某種行為卻做不到，而且無法保持適量，這種情況就叫做**「成癮症」**。以下就以抽菸為例，來了解成癮症的原理吧。

抽菸時，從肺部進入體內的尼古丁會立刻傳送至腦，使得腦內分泌出大量的多巴胺。多巴胺是一種和快樂有關的神經傳導物質，大量分泌會帶給人強烈的快感。這時，**一旦腦產生「抽菸會帶來快感」的認知，腦內就會建立起一套迴路以獲得快感這項獎勵**。

如果一再反覆地抽菸，多巴胺的分泌就會變得非常依賴尼古丁。在這種狀態下若是減少抽菸，就會引發名為**脫癮症狀（戒斷症狀）**的現象，並且出現各種不適症狀。由於只要再次開始抽菸，不適感便會消失，於是就變得愈來愈戒不了菸……這就是成癮症的循環〔右圖〕。

成癮症也可以說是一種**腦和身體，陷入「無法減少愉快刺激」的惡性循環的狀態**。身體一旦形成穩固的惡性循環就會很難恢復，因此請千萬小心成癮症上身。

在腦內形成尋求快樂的迴路

▶尼古丁成癮症的原理

一旦持續抽菸，香菸中所含的尼古丁就會對腦產生作用，使人罹患戒不了菸的「尼古丁成癮症」。

1 在肺部被吸收的尼古丁會經由血液被送至腦。

2 尼古丁和受器結合後，伏隔核會分泌出大量的多巴胺，使人獲得強烈的快感。

3 腦內形成依賴尼古丁的迴路，抽菸變成一種習慣。隨著身體產生耐受性，變得不容易獲得快樂，吸菸量於是增加。

4 假使在已經成為習慣的狀態下停止抽菸，就會產生脫癮症狀（戒斷症狀）。為了消除不適感，人又會更加依賴抽菸。

24 iPS細胞的厲害之處？

[新技術]

能變成身體中任何細胞的**萬能細胞**。
可望活用於**再生醫療**和**藥物開發**！

iPS細胞的發現，讓醫學研究者山中伸彌教授於2012年獲頒諾貝爾生理醫學獎。那究竟是什麼樣的發現呢？

iPS細胞這項技術是讓一度分化的細胞還原，製造出能夠變成身體中任何細胞的萬能細胞〔圖1〕。可望**活用在再生醫療、使用iPS細胞開發新藥，以及調查病因的研究上**〔圖2〕。

所謂再生醫療，是讓**身體的器官、組織再生的醫療技術**。目標是從患者的細胞製造出iPS細胞，然後分化成皮膚、神經細胞等各種組織的細胞，進行移植。目前尚處於找出安全的iPS細胞製造方法，以及確認安全性的研究階段。

雖然還在研究階段，不過**現在已經有在使用iPS細胞進行治療了**。在確認安全無虞的情況下，醫療人員對視網膜罹患老年性黃斑部病變的患者，移植了以iPS細胞製作的視網膜。

至於**新藥的研究、開發**，目前也正在進行當中。近來，iPS細胞也被應用在研發肌萎縮性脊髓側索硬化症（ALS）、家族性阿茲海默症的治療藥物這類領域上。

從人的體細胞製造出來的萬能細胞

何謂iPS細胞〔圖1〕

又稱為誘導性多能幹細胞。能夠變成身體中任何細胞的萬能細胞。

體細胞

從人身上採集到的體細胞，會因應場所進行分化。

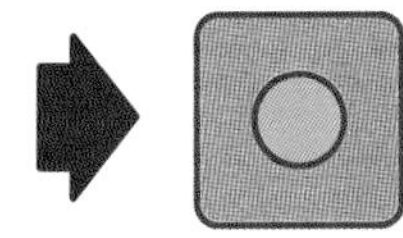

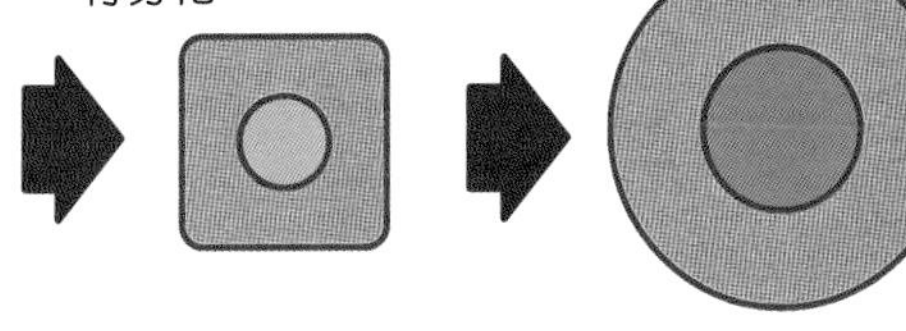

iPS細胞

還原體細胞，回到分化前的細胞狀態。擁有分化、增生成各種組織和器官細胞的能力。

iPS細胞的主要活用方式〔圖2〕

可望活用於再生醫療、藥物開發等領域。

再生醫療

只要使用從自己的體細胞製造出的iPS細胞來製造細胞和器官，就能順利完成移植而不會產生排斥反應，讓失去的身體細胞和器官再生。

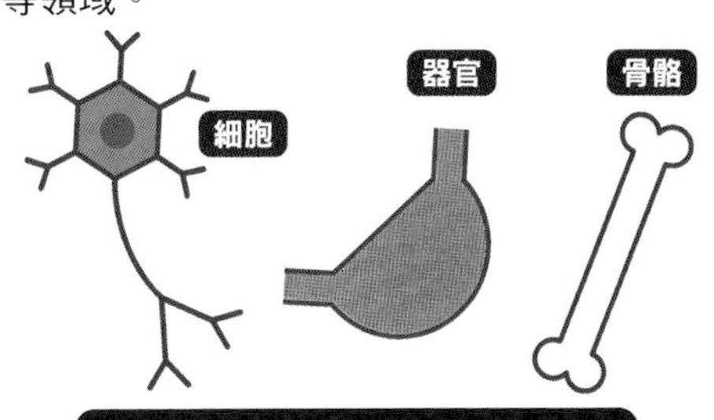

iPS細胞能夠製造出任何器官！

新藥的開發

能夠從病患的iPS細胞製造出各種細胞，對治療藥物的候選藥物進行測試。

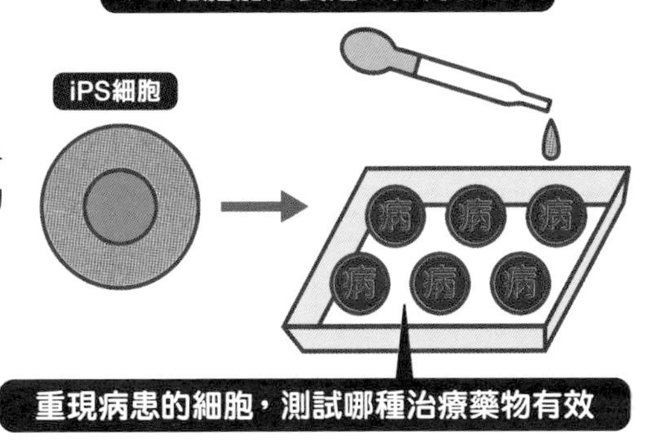

25 天才是什麼樣的人？

［腦］

天才是擁有**非凡優秀能力**的人。
學者症候群也是其中一例！

擁有非凡優秀能力、才能的人稱為**「天才」**。人們至今做過各式各樣的研究，但仍未對天才做出一個明確的定義。

智商（IQ）高的人會被稱為天才。以日本為例，我們將只占人口約2%、IQ130以上的人稱為「資優生」，**認為天才=優秀的智商**。然而另一方面，運用自身的創造力或作業能力，**為世界帶來獨一無二價值的能力也被稱作天才**。那些人即便沒有高智商，也能創造出出色的藝術作品，因此，天才的定義是會隨著觀點而有所改變的。

從「人擁有多種獨立的智能」的**多元智能理論**來看，可以解釋所謂的天才，是在多種智能中的某個特定領域的智能上，擁有超乎常人的才能〔圖1〕。

有時，腦的某個部分無法正常運作，反而會讓特定部位特別發達，進而發揮出非凡的能力。被視為患有精神、智能障礙的同時，卻又發揮出天才般能力的這群人被稱為**「學者症候群」**。像是能在瞬間進行多位數的心算、將只看過一眼的照片正確地畫成圖畫等等，他們在數學、美術、音樂、記憶力等領域發揮出天才般的能力。一般認為，**學者症候群在腦特定部位的能力會出奇地高**〔圖2〕。

天才的定義會隨著觀點而改變

▶何謂多元智能理論？〔圖1〕

「智能並非單一而有多個，人擁有多個智能」。

語言智能
像作家等，學習語言、操控語言的能力。

邏輯數學智能
像科學家等，邏輯性、數學性、科學性地探究問題的能力。

音樂智能
像音樂家等，辨別音程、演奏音樂、作曲、鑑賞的能力。

身體運動智能
像演員、運動選手等，用身體創作、解決問題的能力。

空間能力
像飛行員、建築師等，理解空間模式的能力。

人際能力
像教師等，理解他人需求、與他人和睦相處的能力。

內省智能
像神職人員等，了解自我、自我省察的能力。

淵博的知識
像博物學家等，理解周遭事物並加以分類的能力。

▶何謂學者症候群？〔圖2〕

雖然患有精神、智能障礙，卻在特定領域發揮優秀能力的人。

從未練過鋼琴，卻能將第一次在電視上聽到的鋼琴協奏曲完美地彈奏出來。

只讀過一遍就能將大量的書籍內容記住，甚至還能倒過來背誦。

只看過一次空拍照片，就能將所有細節描繪出來。

說中別人的生日是星期幾，甚至還能正確地說出對方的65歲生日是星期幾。

將人腦數位化？

腦有辦法以人工方式製造出來嗎？

目前除了腦外，幾乎所有器官都有以人工方式製造的替代器官、人工器官，並且也都還在不斷地持續研究當中。被製造出來的人工器官只能單純用於醫療目的，然而製造出複雜的腦至今仍是一項遙不可及的夢想。

話雖如此，只要使用能夠分化成任何細胞的iPS細胞（➡P64），**理論上是有可能製造出腦的**。目前研究人員已從iPS細胞製造出豆子大小的人工腦「**類人腦**」，正在進行應用在治療腦部疾病上的研究。

另外，隨著電腦的進化，也有研究人員**提出將人腦數位化的想法**。究竟將腦替換成機器那樣的人工製品是有可能的嗎？

腦有可能人工化嗎？

人的腦中有神經細胞和神經膠質細胞（神經細胞以外的腦細胞），不僅創造出無數突觸，而且每天都不斷地在產生變化。**憑現在的技術，要複製如此複雜的腦，然後讓腦在電腦上徹底重現應該是不可能的**。況且，即便真的能夠製造出一模一樣的腦，最大的問題還是我們的「意識」。**至今，我們仍無法釐清人是如何產生意識，以及其中的機制**。就算真的能夠製造出和自己一模一樣的腦，我們也無從得知該意識是否屬於自己。

只不過，也有人提出了這樣的想法。澳洲哲學家查默斯想出了一個名為**「fading qualia」**的思想實驗〔下圖〕。假如在腦有意識的狀態下，一個一個慢慢地將腦神經細胞替換成矽製人工神經細胞，屆時會發生什麼事？他認為，腦不會發現神經細胞遭到替換，人的感質（感覺意識體驗）還是會維持原樣。「人的意識存在於何處」這個命題，是窺探哲學深淵的問題。

查默斯的思想實驗

這個思想實驗的目的，是研究當一個一個地將腦神經細胞替換成矽製人工神經細胞時，意識會產生何種變化。查默斯主張「意識會維持不變」。

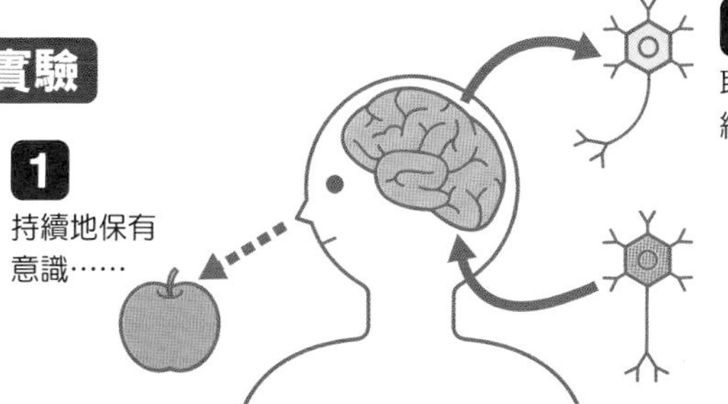

只要緩慢地進行2～3，也許就能在維持相同意識的情況下，替換成人工腦？

醫學偉人 1

改變醫學界思維的「近代解剖學之父」

安德雷亞斯・維薩里

（1514－1564）

維薩里是出生於比利時布魯塞爾的解剖學家，曾出版《人體的構造》※這本講述人體構造的解剖書。這本頁數超過600頁，以多達300幅正確的木版畫構成的解剖書，在出版的1543年當時是獨一無二的書籍，因此，他又被稱為「近代解剖學之父」。

維薩里的父親是宮廷的藥劑師，因此他也自然而然地對醫學產生興趣。當時，大學的醫學系是根據西元二世紀的醫學家蓋倫（Claudius Galenus）的理論，教授人體的構造。進行人體解剖時，即便實際解剖結果和蓋倫的教科書內容不符，當時人們也認為教科書上寫的才正確。

維薩里對那樣的上課方式感到失望，於是便透過觀察墓地的屍骨等方法，慢慢釐清人體真正的構造。22歲時，他在帕多瓦大學取得解剖學教授的職位。他在自己的課堂上親自解剖人和動物，讓學生圍在解剖台旁實地學習。由於維薩里所描繪的解剖圖非常正確，因而大獲好評，市面上也出現許多複製的畫作。

而《人體的構造》這本書，便是集其研究之大成。他仔細觀察人體，並將觀察結果正確記錄下來的研究作風，讓原本相信權威更勝於真相的醫學界，產生了戲劇性的變革。

※《人體的構造》的拉丁文原文書名為《De humani corporis fabrica libri septem》。

第2章

原來如此！

人體的構造

吃下去的食物是如何消化？
人為什麼需要脂肪？明明是最親近的「自己」，
「人體」卻有好多事情是我們所不了解的。
就讓我們透過本章，解開人體的奧祕吧。

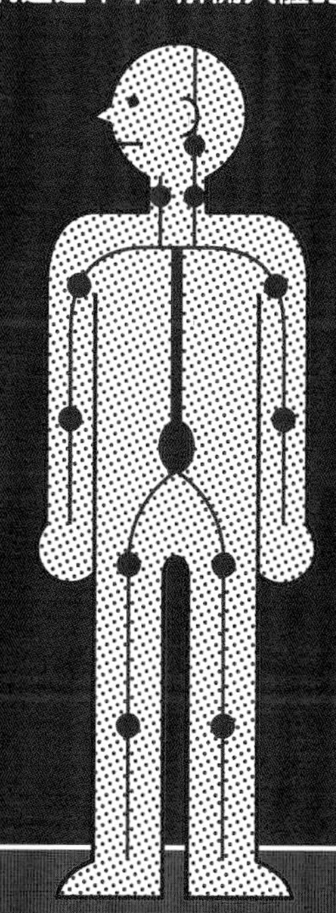

26 人爲什麼要有骨骼？

［骨骼］

除了**支撐**、**保護**、**活動身體**外，
還有**製造血液**的功用！

「骨骼」只有形成人的「骨架」嗎？骨骼在身體中發揮了什麼樣的功用？骨骼其實有著各式各樣的功能〔右圖〕。

第1個功能是**支撐身體**。前後帶有和緩弧度的脊骨（脊椎）能夠吸收走路時產生的衝擊，支撐直立的身體。拱形的腳骨之所以能支撐身體的重量，也是因為有著相同的構造。

第2個功能是**保護重要部位**。頭蓋骨是由平坦的骨骼連成圓頂狀，像安全帽一樣地保護腦。肋骨則是保護掌管呼吸的心臟和肺。

第3個功能是**使用骨骼肌和關節來活動身體**。腦會發出指令讓骨骼肌伸縮，藉此帶動身體。

第4個功能是**製造血液**。位於骨骼中央的「骨髓」中有造血幹細胞，會成長為紅血球、白血球、血小板等。

第5個功能是**儲存並供應鈣和磷**。骨骼的主要成分為磷酸鈣，會讓血液中的鈣和磷保持一定的濃度。身體吸收鈣和磷之後會儲存於骨骼內，若是濃度不足，便會從骨骼釋放至血液中。

順帶一提，孩童時期的骨骼數量約為300根，長大後則會有好幾根骨骼接在一起，變成200根左右。

身體的骨骼數量

骨骼的各種功能為何？

骨骼有著保護重要部位、支撐身體、活動身體、製造血液等好幾項功能。

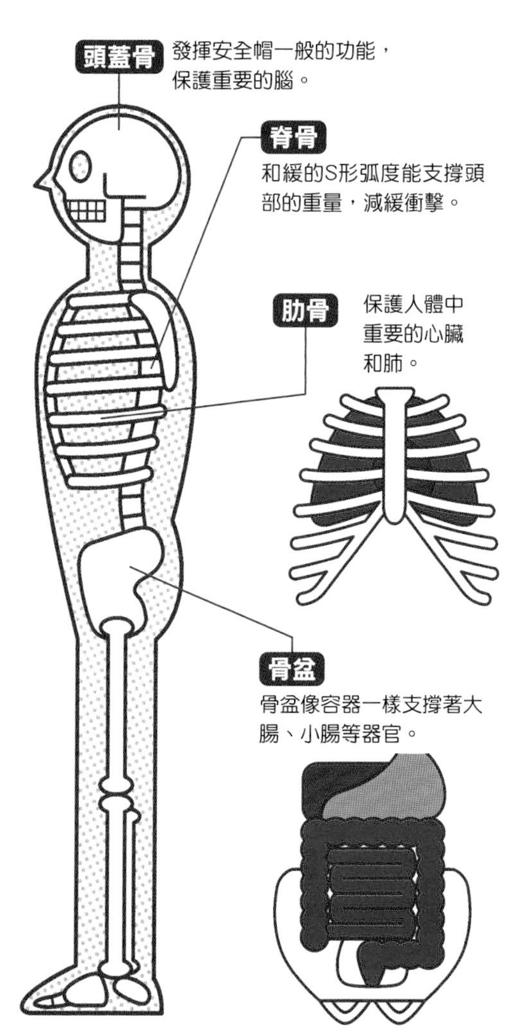

活動身體

和附著在骨骼上的肌肉產生連動，彎曲關節、活動身體。

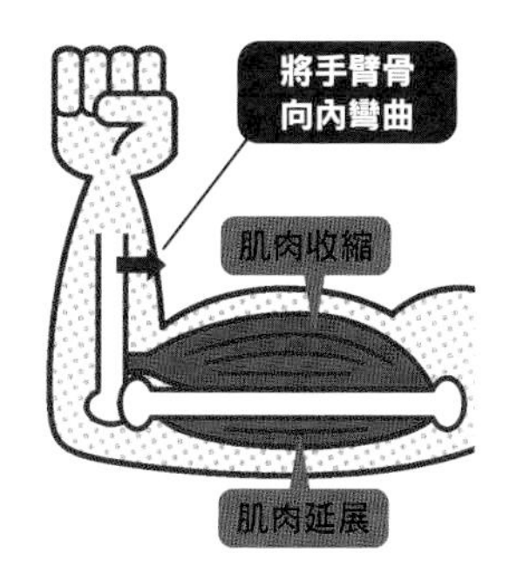

儲存並供應鈣

為了讓血液中的鈣保持一定的濃度，人體會將鈣儲存在骨骼中，若濃度不足便供應。

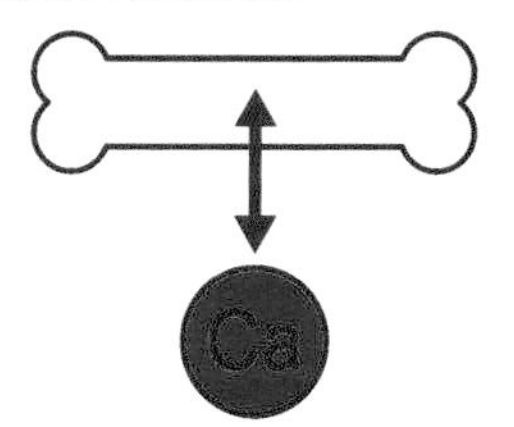

製造血液

利用骨骼中的骨髓製造出血液的成分因子。

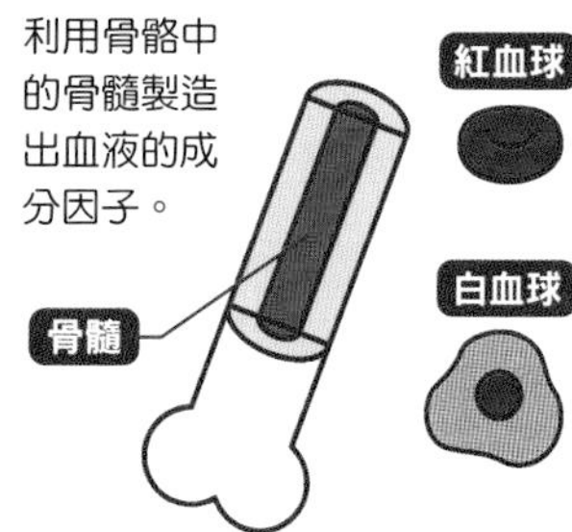

27 骨骼是由什麼構成？

［骨骼］

骨骼由骨細胞和鈣等構成，大約5年左右就會更新！

骨骼是由什麼構成的呢？

骨骼是由**磷酸鈣沉澱附著（石灰化）在活細胞之間構成**〔圖1〕。骨骼雖然看似堅硬、不會改變，但其實骨骼和其他組織一樣，也會隨養分等因素而被塑型、吸收，每天都不停地在產生變化。和活著的珊瑚、海洋非常類似。

骨骼會在**血液中的鈣質不足時供應鈣質**。血液中的鈣質含量一旦減少，副甲狀腺素就會令蝕骨細胞活化，以酸或酵素溶解骨骼，使其進入血液中（骨吸收）。這是因為我們的身體隨時都需要鈣，來幫助收縮肌肉、傳達資訊。

當血液中的鈣質濃度充足了，甲狀腺就會分泌出一種物質來抑制蝕骨細胞的作用。接著，成骨細胞便會利用血液中的鈣質來形成骨骼〔圖2〕。

我們的身體就像這樣，隨時都在反覆進行骨骼的吸收和形成。**以年輕人來說，1根骨骼的更新速度為數個月，全身的骨骼則約莫3～5年就會全部更新**。如果有在鍛鍊肌肉，那麼肌肉所附著的骨骼便會因為承受負荷而成長、變得粗壯。相反的，倘若骨骼的吸收速度比形成速度來得快，骨骼就會變得愈來愈細。

骨骼是

▶骨骼的構造〔圖1〕

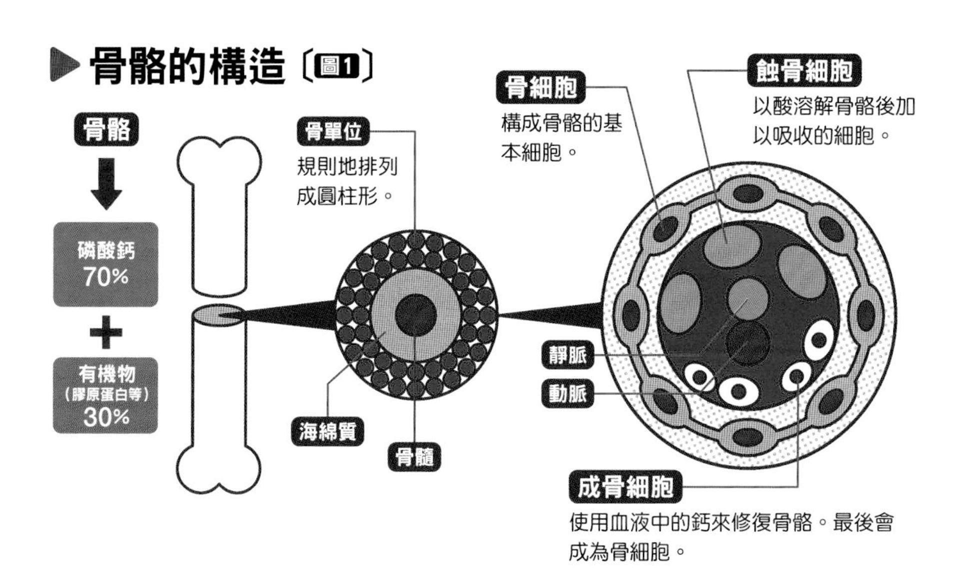

▶骨骼的吸收與形成〔圖2〕

骨骼會反覆地吸收與形成，藉以調節血液中的鈣質濃度，並將舊骨骼重製成新骨骼。

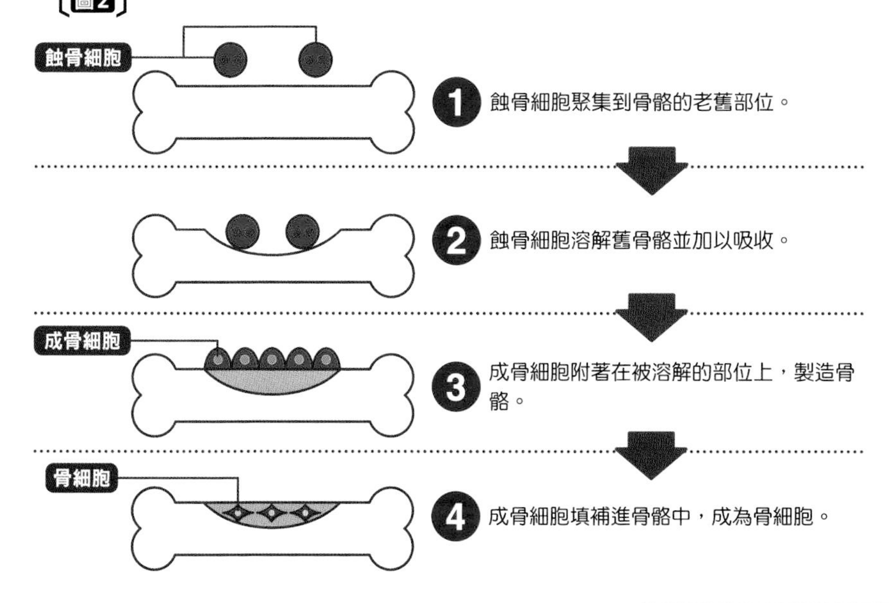

28 什麼是肌肉？有何功用？

［肌肉］

肌肉是**肌肉細胞**的集合。
除了活動身體，還能夠**調整體溫**！

肌肉是活動身體各部位的組織，共分為3個種類〔右圖〕。

第1種是**活動手腳等的「骨骼肌」**，第2種是**位於消化器官和血管等的「平滑肌」**，第3種是**令心臟跳動的「心肌」**。這3種皆是由「肌肉細胞」集結組成。

骨骼肌附著在骨骼上，能夠讓身體完成各種活動，但除此之外，其實還有調整身體的平衡、幫助姿勢隨時保持穩定，以及保護血管和內臟不受外部衝擊傷害的功用。

平滑肌位於消化器官和血管的壁層，能透過收縮、舒張來運送血液和內容物。心肌則是形成心臟的肌肉，有著藉由收縮、舒張，像幫浦一樣將血液送至全身的功能。

肌肉會隨著延展收縮而產生熱能。人的體溫隨時都保持在36～37度之間，而其熱能有約莫6成都是由肌肉產生出來的。另外，肌肉的能量來源是醣類和脂質。只要鍛鍊身體讓肌肉量增加，醣類和脂質的消耗量就會增多，有助於預防罹患生活習慣病。

此外，**肌肉也會儲存水分**。一個體重60公斤的成人，據說體內會有約15～20公斤的水分被儲存在肌肉中。因此，肌肉堪稱是人體的儲水槽。

肌肉會因延展收縮而

▶3種肌肉的功能

肌肉是活動身體各部位的組織，共分為3個種類。

骨骼肌

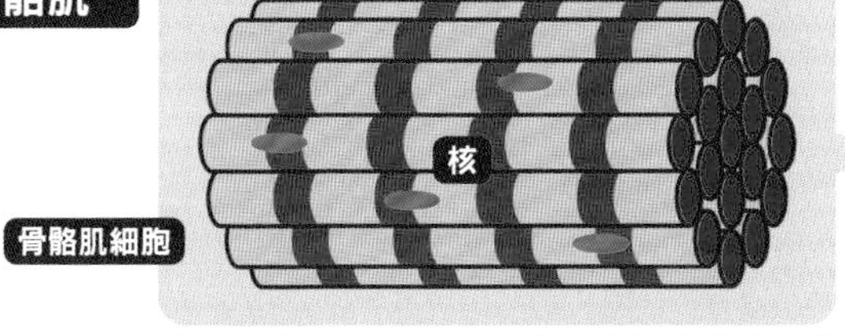

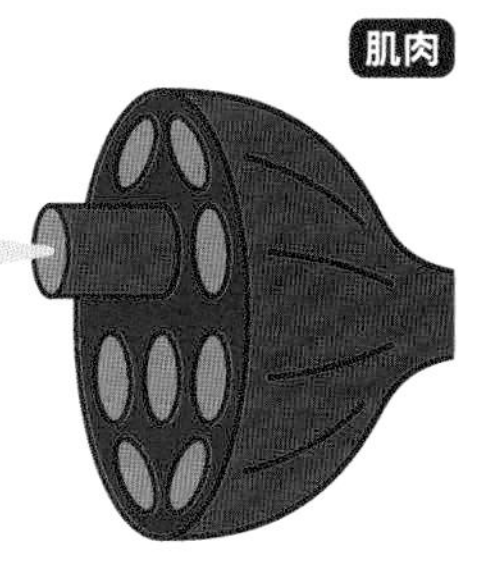

附著在骨骼上的肌肉。骨骼肌是由好幾條肌肉纖維集結成束，1條肌肉纖維由1個細胞構成。

平滑肌

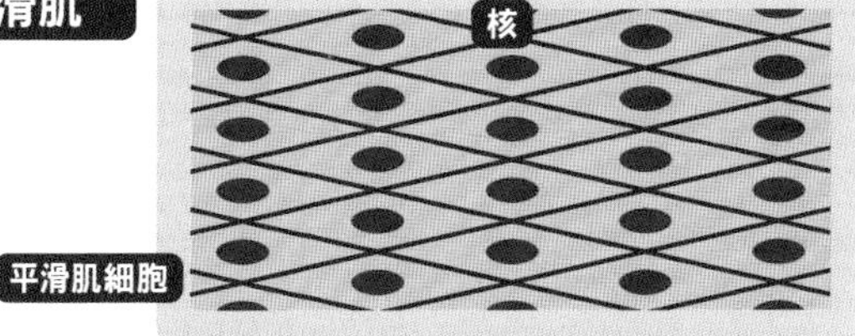

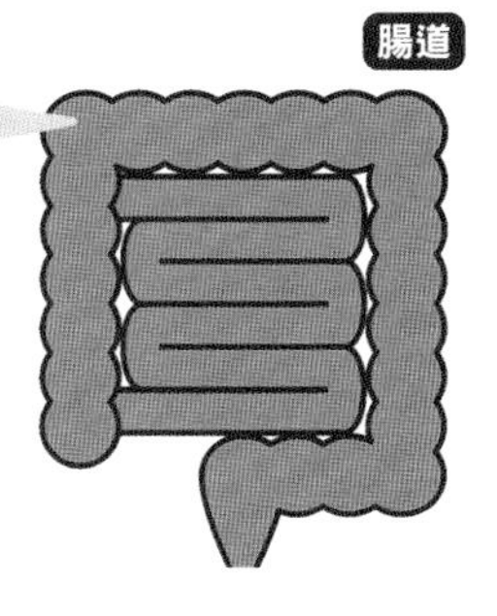

附著在消化器官、氣管、膀胱、血管上的肌肉。人無法憑自己的意志使其活動。

心肌

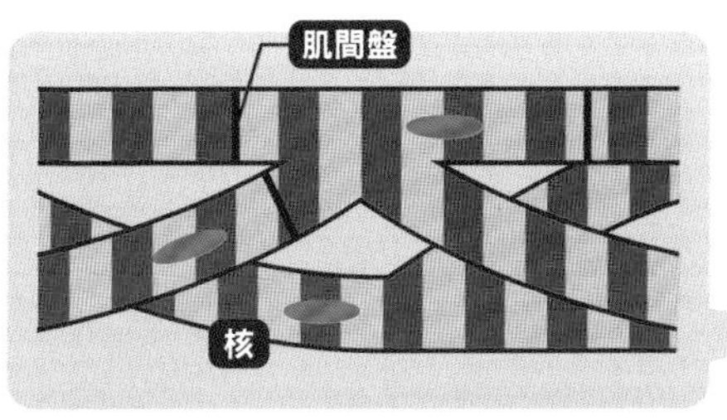

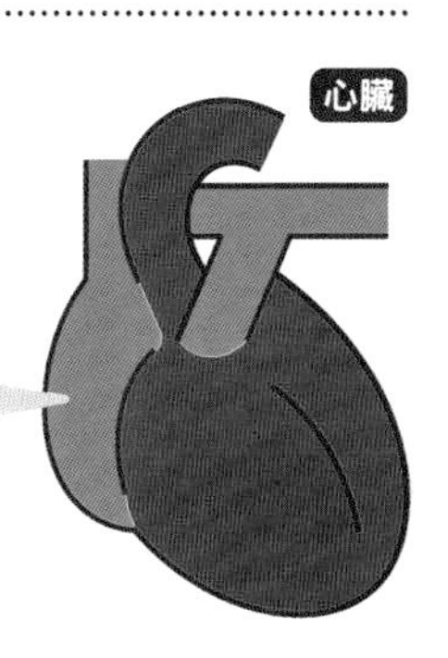

形成心臟的肌肉。心肌細胞是透過肌間盤，彼此連結成網狀，心肌因此能夠進行收縮、舒張，讓心臟動起來。

Q 人最多可以舉起幾公斤的物體？

大約體重的2倍 or 大約500公斤 or 大約1000公斤

像是將天照大神躲藏的天岩戶撬開的故事等等，各地都有舉起重物的怪力傳說。傳說中，時常會出現能夠舉起巨大石頭的人物，但實際上人最多可以舉起多重的物體呢？

像是將重量超過1噸的巨石，從花岡山搬到熊本城的橫手五郎的傳說等等，日本各地都流傳著各式各樣的怪力傳說。至於**現在，健力比賽硬舉項目※的世界紀錄為501公斤**。究竟實際上，人最多可以舉起多重的物體呢？

肌肉能夠透過健身和類固醇激素加以鍛鍊。可是肌肉量一旦增

※硬舉是一種將地上的槓鈴，向上拉至膝蓋和腰部伸直的直立姿勢的動作。

加，人體就會分泌出肌肉激素（myokine）之一的**肌肉生長抑制素**〔下圖〕。肌肉生長抑制素有抑制肌肉增長的作用，讓人達到一定的肌肉量之後便無法繼續增加。

假使人體不分泌這個肌肉生長抑制素，肌肉就會不停地增長下去。實際上，過去確實有牛天生體內就沒有肌肉生長抑制素，導致其肌肉量為普通牛隻的兩倍。過剩的肌肉會讓能量消耗量增加、體重變重，而不利於生存。另外，**舉起物體的這項運動，需要大腦和肌肉的良好連結**。由於從腦通往肌肉的神經纖維數量無法增加，因此所能舉起的重量便產生了極限。

況且，目前的舉重紀錄據說也已接近人類的極限。人所能舉起的極限被認為大約是500公斤，倘若舉起更重的重量，就會有瞬間爆發力使得關節受傷、肌腱斷裂的危險。

因此，考慮到目前硬舉的最高紀錄，這題的答案應該是「大約500公斤」。

肌肉分泌出的激素

一般認為肌肉激素超過20種以上，不過目前還有許多尚未釐清的部分。

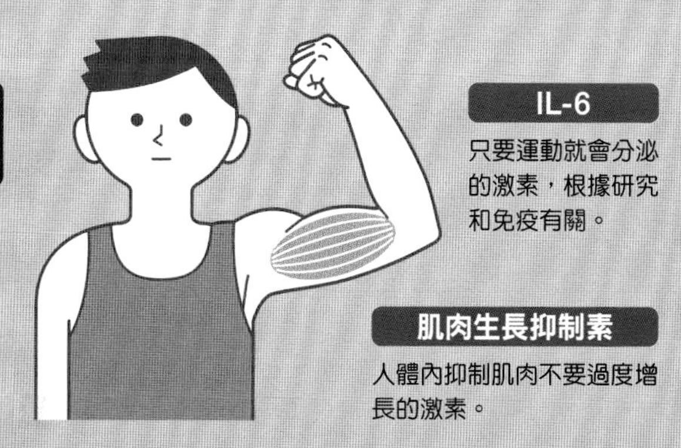

29 [血管] 血管的功用？① 透過「體循環」運送物質！

為了將**氧氣和葡萄糖**送至全身，
並且回收**二氧化碳**！

話說，血液究竟為什麼要在全身循環呢？

血液的重要功能之一是**運送氧氣**。氧氣是從空氣中，透過肺部被人體吸收。血液也會**運送營養素中的葡萄糖**。氧氣和葡萄糖結合後，會在細胞內製造出能量。

而這時所產生的二氧化碳和水，會經由血液被運送出去。其中被運送的二氧化碳，會從肺部經由呼吸道被吐出體外。這也是血液的重要功能之一。

另外，**血液的循環分為「體循環」和「肺循環」**。從心臟流經全身後回到心臟的血液循環稱為「體循環」，在心臟和肺部之間來回流動的稱為「肺循環」〔右圖〕。

血管有主要將氧氣運送至全身的**「動脈」**，以及主要從全身將二氧化碳帶回來的**「靜脈」**。若將**一個人身上所有的血管連在一起，全長大約可達9萬公里**。

動脈的血液是鮮紅色，靜脈的血液則偏暗紅色。運送氧氣的紅血球中所含的血紅素只要和氧氣結合，就會變成呈現鮮紅色的氧化血紅素。然後，等到在各組織和氧氣分開之後，就會變成呈現暗紅色的還原血紅素。

動脈的血是　　、靜脈的血是

▶體循環與肺循環

遍布全身的血管會將氧氣運送至全身，並且回收二氧化碳。

動脈

從心臟將氧氣、營養素送至體內各組織的血管。

靜脈

從體內各組織將血液送回心臟的血管。

肺泡

血液會在肺內部的肺泡接收氧氣，並且將二氧化碳交出去。

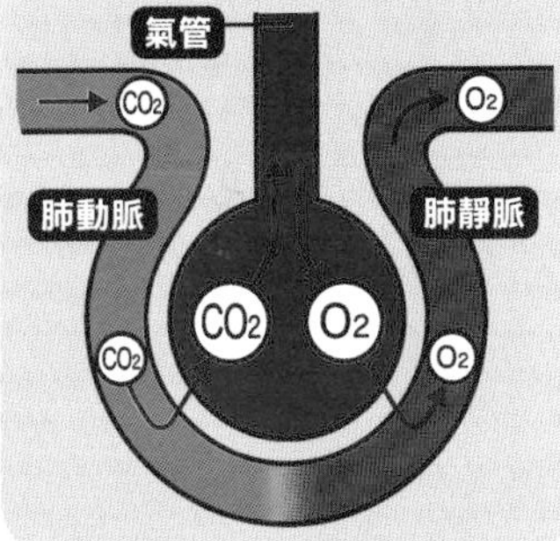

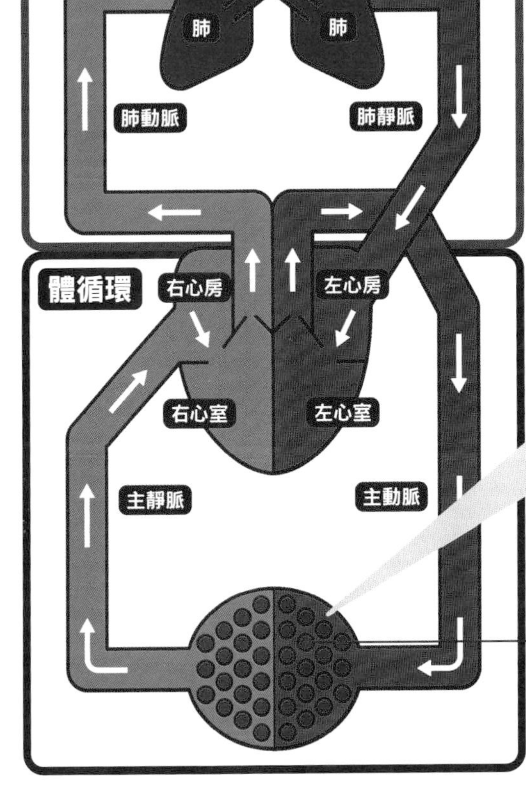

細胞

身體的細胞是從微血管吸收氧氣，送出二氧化碳。

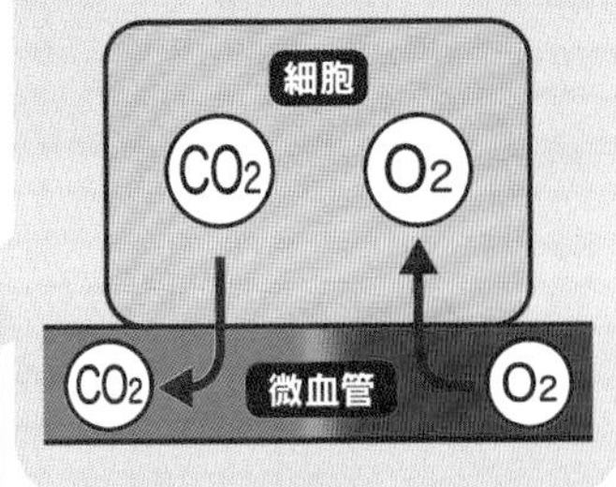

微血管

直徑約0.005～0.01公釐的血管。是組織中最細的血管，連接動脈和靜脈。

30 [血液] 血液的功用？② 由「紅血球」等成分組成

血液的主要成分有「**紅血球**」、「**白血球**」、「**血小板**」、「**血漿**」，且各有功用！

血液是由紅血球、白血球、血小板這些血球，以及液體的血漿所組成〔右圖〕。

紅血球是直徑約0.008公釐、中央凹陷的圓盤狀細胞，主要功能是**運送氧氣**。

白血球的大小為0.01～0.015公釐，**功能是保護身體不受入侵的異物傷害**。種類有很多，例如血液中名為嗜中性白血球的白血球只要偵察到細菌等外敵，就會從血管壁中跑出來捕食、擊退敵人。

血小板是圓盤型、大小約為0.002公釐的細胞碎片，功能是**阻止出血**。血管一旦破裂，流出來的血小板就會陸續黏著在傷口上，蓋住傷口。接著人體會製造出名為纖維蛋白的纖維狀蛋白質，纏繞血球、凝固血液，藉此堵住傷口。

而支撐這些細胞的液體就是血漿。**血漿是偏黃色的液體，主要成分為水和蛋白質**，約占血液的55%。人的血液重量大約是體重的13分之1。比方說一個人的體重為60公斤，則其體內就有約4.6公升的血液。

運送養分和氧氣，對抗有害物質

▶血液有4個主要成分

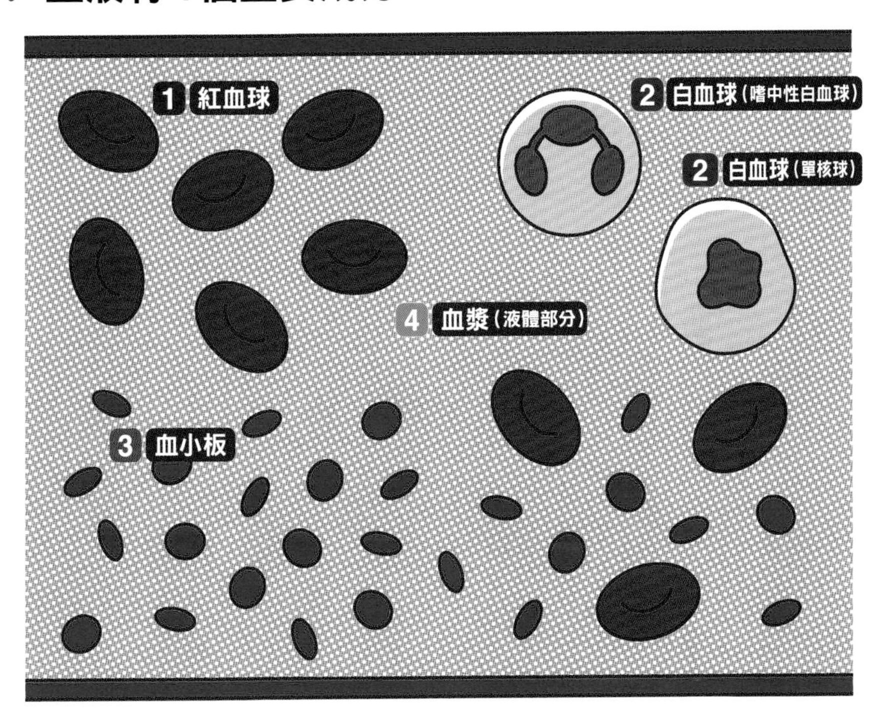

1 運送氧氣

紅血球

裡面含有容易和氧氣結合，名為血紅素的紅色蛋白質。會在肺部接收氧氣，然後經由心臟送往全身。

約占整體的43%

2 保護身體

白血球

為了保護身體而在全身到處巡邏的免疫細胞。有嗜中性白血球、單核球等種類。如果有外敵入侵，骨髓就會大量地製造出白血球。

約占整體的1%

3 堵住傷口

血小板

血管壁一旦受傷，血小板就會聚集起來堵住傷口。當血管壁破裂導致出血時，血小板會製造出纖維蛋白，聚集血球凝固血液，覆蓋住傷口。

約占整體的1%

4 液體部分

血漿

血液的液體成分。有90%是水，其餘則由蛋白質、葡萄糖、脂質、老廢物質、抗體、電解質（無機鹽）等組成。

約占整體的55%

Q 血液要花多久時間才能跑遍全身？

30秒 or 30分鐘 or 1小時 or 1天

心臟每天無時無刻都在跳動，將血液送往全身。血液則會通過遍布全身的血管，在體內不停地循環，但是，血液在全身繞行一周究竟要花上多久時間呢？

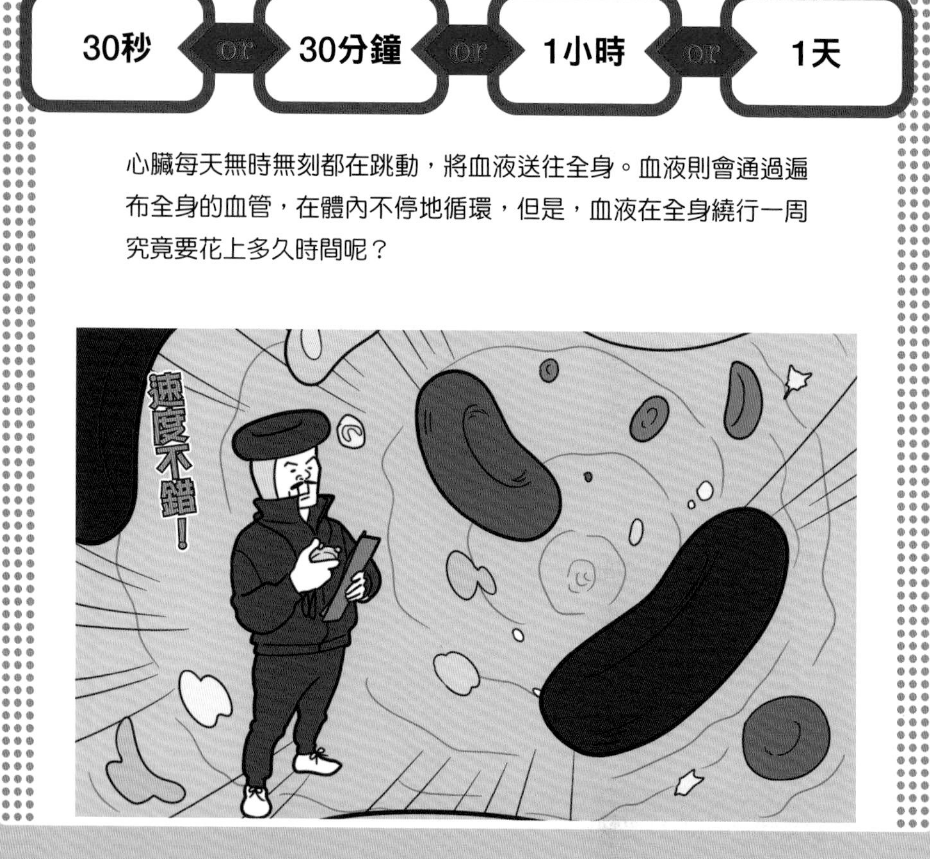

心臟就好比幫浦一樣，通過血管將血液送往全身，而且一生無時無刻都在工作，從不休息。**成年男性的心臟每分鐘會跳動62～70次，成年女性跳動70～80次**，並且1分鐘會擠壓出約5公升的血液。因此算起來，一個人每天心臟會跳動約9～10萬次，將約8噸的血液送往全身。

血液是以**心臟→主動脈→動脈→微血管→靜脈→主靜脈→心臟…的路徑在體內循環**。送出血液的力量非常大，以一般正常的跳動來說，血流速度在上行主動脈（將血送往頭部的血管）的**秒速為60～100公分**，在降主動脈（將血液送往下半身的血管）的**秒速為20～30公分**，流動的速度非常快（到了微血管，秒速就會降至0.5～1公分）。

若將動脈、靜脈、微血管連成一條血管，其總長據說**約為9萬公里**，不過微血管幾乎就占了這個長度的全部。一般認為，血管的長度就是繞行身體一周的距離。

那麼，血液循環全身究竟要花多久時間呢？

發生在心臟和肺之間的肺循環為3～4秒，發生在心臟和全身之間的體循環約30秒～1分鐘〔右圖〕。也就是說，答案是「30秒」。是不是比我們預測的要快很多啊？

全身的血管

從心臟流出的血液，會通過動脈→微血管→靜脈，又回到心臟。

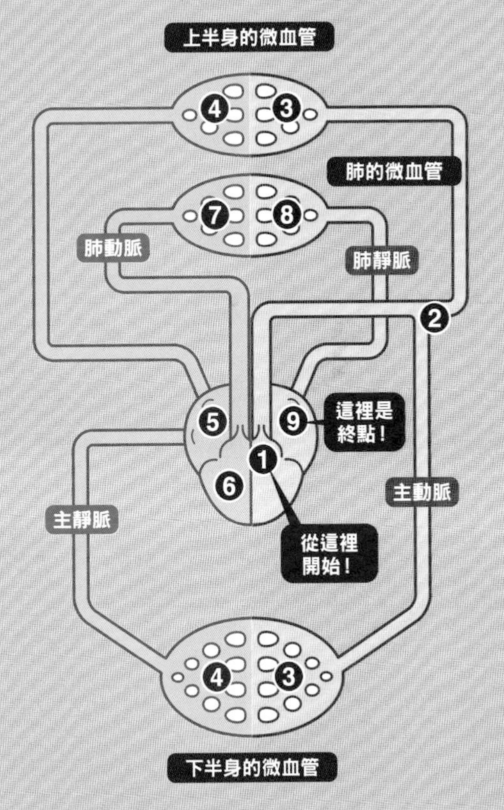

31 [骨骼] 製造血液？「骨髓」的機制

骨髓是位於**骨骼中央**的組織，會製造出紅血球、白血球等**血液細胞**！

我想各位應該都有聽說過登錄「骨髓銀行」之類的話題，但是「骨髓」究竟是什麼樣的東西呢？

骨髓是位於骨骼中央的組織，會在裡面製造出紅血球、白血球、血小板。骨髓中有著形成血液的造血幹細胞，能夠視需要變身成各式各樣的血液細胞〔圖1〕。

在我們小的時候，幾乎所有骨骼的骨髓都能製造出血液細胞，不過等到長大之後，就會變成只有骨盆、脊骨、肋骨、肩骨、胸骨等有限的骨骼才能夠製造。當疑似罹患白血病時，會從那些部位抽取骨髓進行檢驗。

白血病是一種癌化的白血病細胞無止盡增加的疾病。治療方法有利用藥物殺死白血病細胞，以及連同健康的造血幹細胞一起移植骨髓。以骨髓移植來說，為了減少排斥反應，捐贈者和患者的人類白血球抗原（HLA）必須一致，然而家人的配對成功率為4分之1，除此之外則是數百～數萬人之中才會有1人符合，機率可以說相當低。因此，「骨髓銀行」需要有許多骨髓捐贈者登錄，讓病患和適合的捐贈者有機會相遇。

順帶一提，血球也是有壽命的，**老化的紅血球最後會在脾臟被清除**，並被回收作為製造新血球的材料〔圖2〕。

壽命結束的紅血球會被破壞、

骨髓是血液的工廠〔圖1〕

骨髓位於骨骼的中央，會製造出血液細胞。

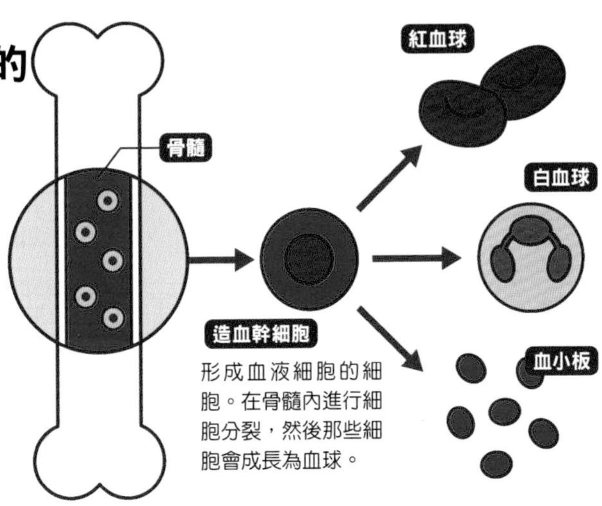

形成血液細胞的細胞。在骨髓內進行細胞分裂，然後那些細胞會成長為血球。

紅血球的一生〔圖2〕

紅血球被骨髓製造出來後便會為身體努力工作，等到壽命結束了，就會在脾臟被清除，其中鐵質則會被回收再利用。

1

紅血球的壽命約為120天，之後會在脾臟遭到白血球破壞。

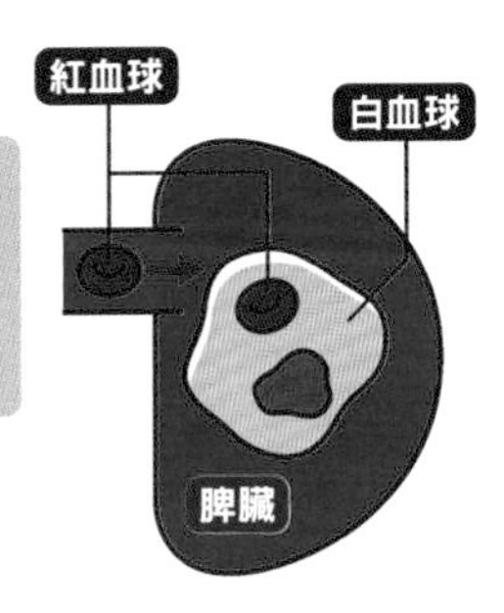

2

被分解的紅血球會變成鐵質和膽紅素。

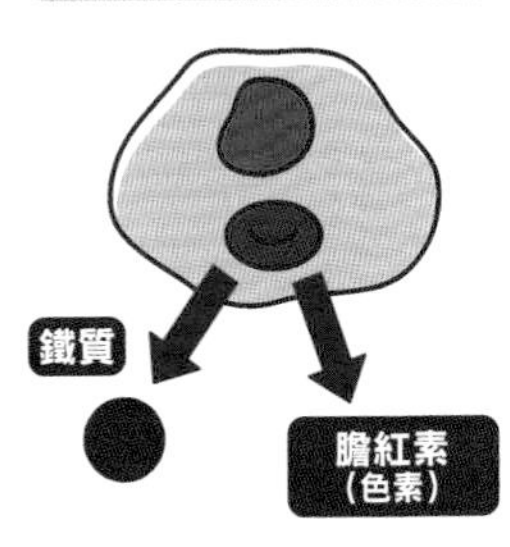

鐵在經過處理後會被儲存在肝臟和脾臟中。

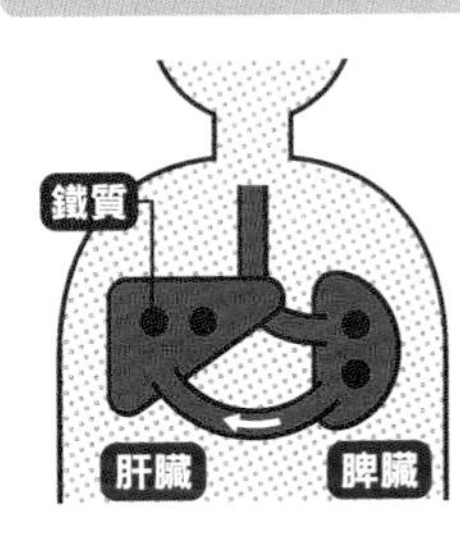

不久，鐵質會被運送至骨髓，成為製造新紅血球的材料。

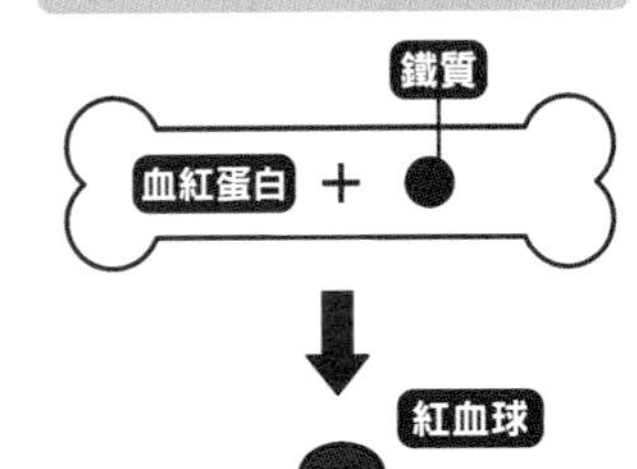

32 遍布全身的「淋巴」是什麼樣的東西？

［淋巴］

藉由淋巴的流動來**幫助細胞**！
淋巴結是**淋巴液聚集的據點**！

淋巴指的就是「淋巴液」，是在淋巴管中流動的淺黃色液體，其成分和血漿相同。**從微血管滲透到細胞和細胞之間的血漿一旦進入淋巴管，就會成為所謂的淋巴液**〔圖1〕。

淋巴液會一邊運送自細胞排出的老廢物質、水分及淋巴球，一邊從微淋巴管往淋巴管聚集，最後在鎖骨下方一帶匯流至靜脈。

淋巴球是白血球之一，分為T細胞（T淋巴球）和B細胞（B淋巴球），而這兩者都會和病毒、細菌作戰（➡P18）。**淋巴結**是位於淋巴液聚集的據點、外觀呈現豆子形狀的器官，一般正常的大小為1公分。作用是過濾淋巴液中的汙垢和細菌等，體內共有300～600個。

淋巴結之中有著像是細緻網狀的結構。在這裡，除了T細胞和B細胞外，還有名為巨噬細胞的大型白血球在等著殺死通過的淋巴液中的病原體。

順帶一提，我們其實可以透過**徒手按摩身體的方式，來促進淋巴的流動及代謝老廢物質**。這種按摩手法如果是運用在醫療上，用來改善因淋巴液堆積在體內所造成的淋巴水腫，就稱為淋巴引流；若是運用在美容方面，則稱為淋巴按摩〔圖2〕。

像血管一樣遍布全身的

▶何謂淋巴？〔圖1〕

從血管滲出的水分等進入淋巴管後就叫做淋巴。透過淋巴管匯流至靜脈的流動過程稱為淋巴系統。

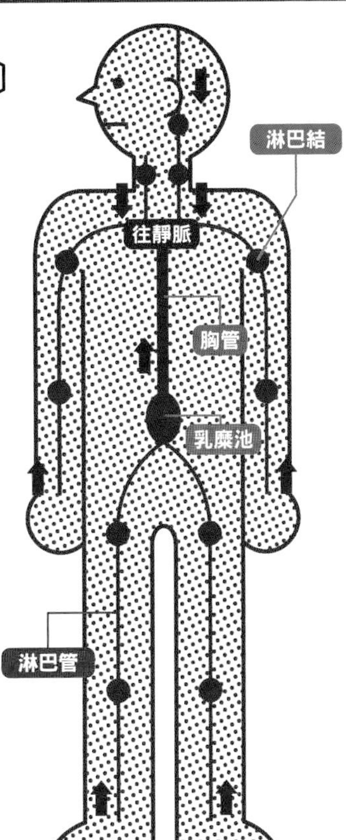

何謂淋巴節

確認有沒有細菌或病毒等，如果有就加以撲滅的場所。是位於身體各處的「免疫關卡」。

何謂胸管

聚集下半身和上半身的淋巴液，然後送入靜脈的粗大淋巴管。

何謂淋巴管

吸收從微血管滲出的水分。以不同於血管的管道在全身循環。流向為單向，流往鎖骨的下方。

何謂乳糜池

位於腹部的大淋巴管。來自下半身的淋巴液會聚集於此。

▶促進淋巴的流動〔圖2〕

透過徒手按摩身體的方式，來促進淋巴的流動、消除水腫，這種手法分別被運用在醫療目的和美容目的上。

這種按摩手法能將因囤積在體內，造成身體水腫的淋巴液送入淋巴管。

33 視力爲何會變差？

[眼睛]

水晶體調節能力不佳的狀態。
例如持續看近物，**近視**就會加重！

視力為什麼會變差呢？

原因有很多，**其中之一是眼睛的對焦功能下降**。比方說近距離看手機時，眼睛會一邊讓水晶體增厚、一邊讓眼球前後延伸，藉此來調節焦距。假如持續像這樣對焦在近處，眼球就會一直處於延伸狀態，結果因為無法對焦在遠處而視線模糊，近視程度也就更加嚴重。

眼睛之所以能夠對焦，是由於名為**睫狀肌的細小肌肉改變了水晶體的厚度**。一旦這個調節改變的能力變得不佳，視力就會變差。另外，眼球歪斜使得深度改變，或是角膜、水晶體歪斜、變得不平滑，也都會導致視力下降。

因眼球的深度變長，水晶體對焦在遠物上的調節能力變差，**導致成像落在視網膜前方的狀態稱為「近視」**。相反的，若是眼球的深度變短，水晶體對焦在近物上的調節能力變差，**使得成像落在視網膜後方的狀態就叫做「遠視」**。

由於角膜或水晶體歪斜，**導致進入眼睛的光線無法順利在視網膜上產生焦點的狀態叫做「亂視」**。至於因為年紀大使得睫狀肌老化，變得難以調節水晶體的症狀則稱為「老花」。

能夠利用眼鏡進行的

▶視力變差的原理

「視力變差」是一種因水晶體調節能力不佳等緣故，導致無法順利成像在視網膜上的狀態。可利用眼鏡等加以矯正。

正視

看東西時會成像在視網膜上。

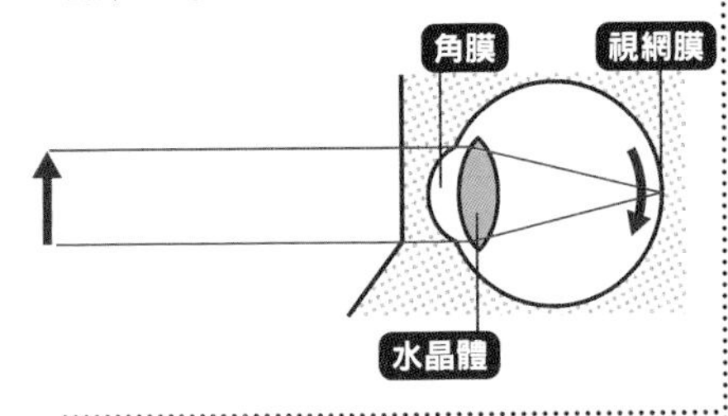

亂視的狀態

看東西時，無法聚焦成像在一個焦點上，而會往上下左右偏移。原因在於角膜或水晶體變形。

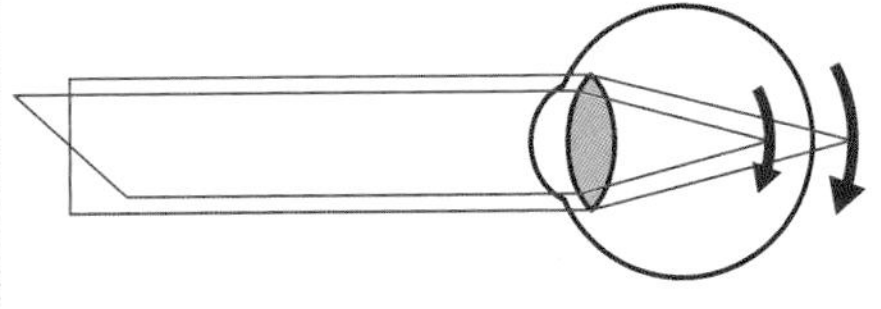

遠視的狀態

若眼睛的深度過短，或是水晶體的調節能力不佳，看到的東西就會成像在視網膜的後方。

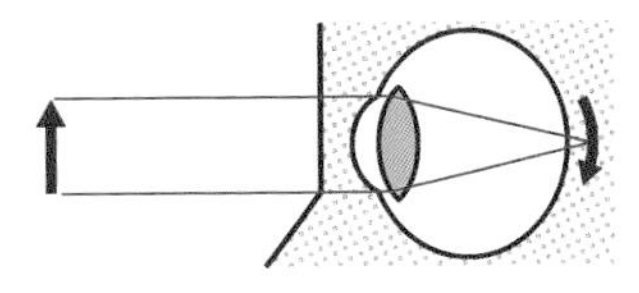

〔戴上遠視眼鏡……〕

如果是遠視，就會利用凸透鏡來縮短焦點的距離。這麼一來，看到的東西就會成像在視網膜上。

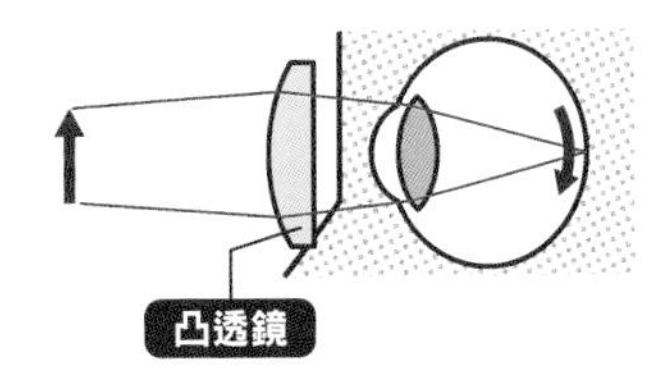

近視的狀態

若眼睛的深度過長，或是水晶體的調節能力不佳，看到的東西就會成像在視網膜的前方。

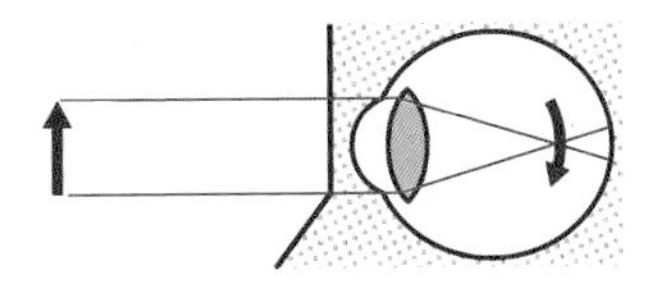

〔戴上近視眼鏡……〕

如果是近視，就會利用凹透鏡來拉長焦點的距離。這麼一來，看到的東西就會成像在視網膜上。

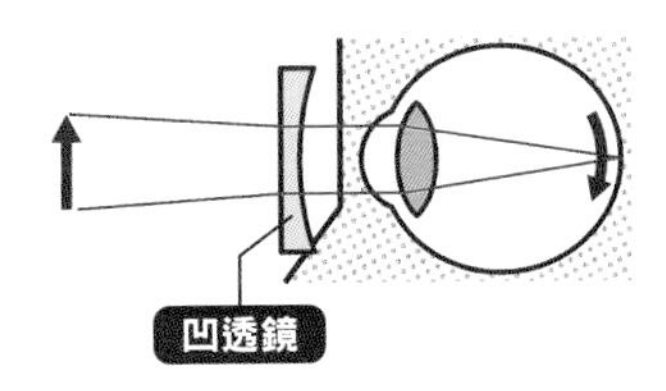

34 人爲什麼能透過耳朵聽見聲音？

［耳朵］

鼓膜的振動在聽小骨被放大，
使得耳蝸的**聽覺細胞的毛產生振動**！

我們是怎麼聽見聲音的呢？以下就來了解物體的振動經由耳朵，被辨識為「聲音」的過程吧〔右圖〕。

聲音是靠著物體的振動而產生。物體的振動會製造出在空氣中等傳播的**「聲波」**，傳入耳朵。經由耳廓收集到的聲波會前往鼓膜。鼓膜是厚度約0.1釐米的薄膜。鼓膜的外側是外耳，聲波會經過外耳道前往深處。

聲波會振動鼓膜，然後**鼓膜的振動會傳導至內側的聽小骨**。聽小骨是由鎚骨、砧骨和鐙骨這3塊小骨頭構成，振動會依照這個順序進行傳導。鎚骨和砧骨會進行「槓桿」運動來震動小小的鐙骨，藉此將振動放大約20倍。順帶一提，從鼓膜到聽小骨的部分稱為中耳。

接著，**振動會被傳導至內耳的耳蝸**。耳蝸是充滿淋巴液的漩渦狀管道。耳蝸內到處都有具備毛細胞（聽覺細胞）的柯蒂氏器。這個毛細胞接收到透過淋巴液傳導的振動之後，產生共鳴的毛會隨之振動。

之後，**毛細胞的毛會傾斜並化為電子訊號，繼續被傳導到更內側的神經**。最後，聲音的資訊會抵達位於大腦皮質側面的聽覺皮層，振動於是就在**這個聽覺皮層被辨識為「聲音」**。

在中耳擴大，在內耳轉換成

▶聽覺的機制

由鼓膜捕捉聲音的振動，接著將該振動轉換成電子訊號，經由神經傳送至腦的聽覺皮層，辨識為聲音。

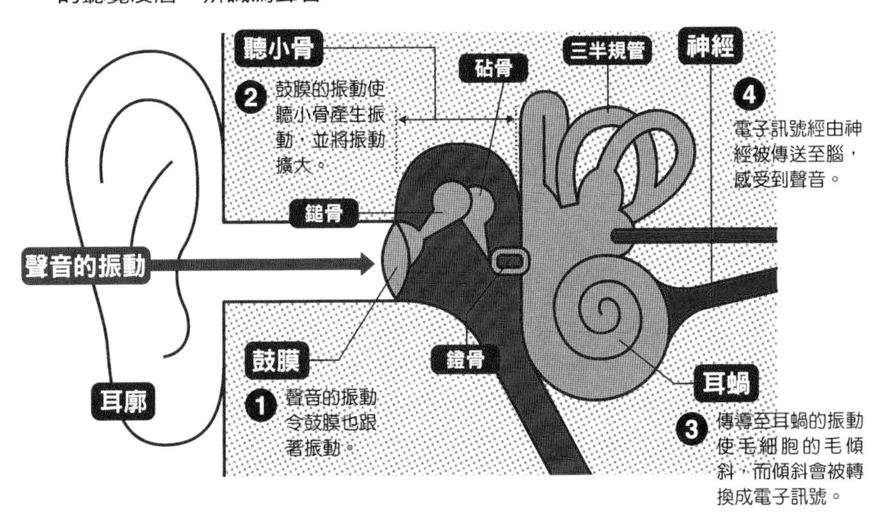

耳蝸的構造

柯蒂氏器沿著耳蝸的螺旋構造排列。聲音的振動到達頂端之後，就會沿著不同的路徑返回，穿過中耳。

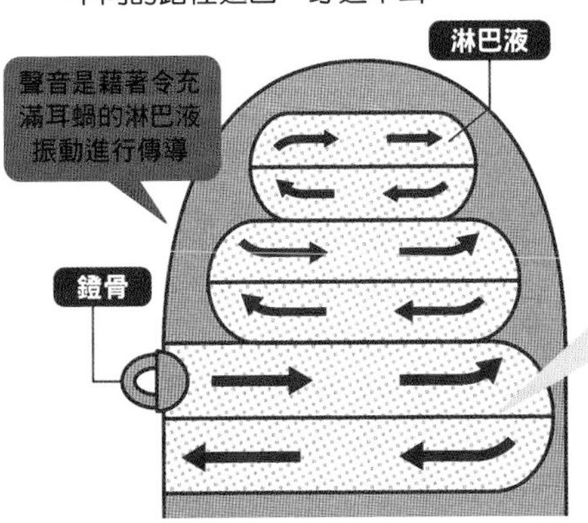

〔耳蝸的剖面圖〕

感應聲音的器官。由前端有毛的毛細胞，將聲音的振動轉換成電子訊號。

35 人的平衡感是由耳朵掌管？

［耳朵］

由耳朵裡的**三半規管**和**前庭**
感知**方向**和**加速度**！

人即便稍微被風吹打或是受到推擠，還是能夠站著不會倒下對吧？這是因為腦在無意識間察覺到身體的傾斜和旋轉，讓身體繼續保持直立的姿勢。這個**感應平衡感並傳導至腦的感覺器官，其實是位在耳朵裡面**〔右圖〕。

耳朵裡面的「內耳」除了有耳蝸，還有三半規管和前庭。**三半規管是由3個互相配置成直角的環（半規管）所組成，分別感知3個方向的傾斜和加速度**。

半規管的內部充滿了淋巴液，只要身體旋轉，淋巴液就會跟著流動。半規管的根部有名為壺腹的隆起，而擁有與神經相連的感覺毛的器官**「頂帽」**※就位在此處。頂帽會隨著淋巴液的流動搖擺。頂帽是擁有感覺毛的感覺細胞的集合體，會將感覺毛的移動方向傳達給腦。

三半規管下方有名為**「橢圓囊」**和**「球囊」**的隆起，而這個部分稱為**「前庭」**。在橢圓囊中，擁有感覺毛的感覺細胞是水平分布，在球囊則是垂直分布。感覺毛上面有著密密麻麻的耳石，會向腦傳遞**直線運動的資訊**。人便是透過腦處理這些資訊來保持平衡。

※頂帽（cupula）的意思是圓頂狀的山頂。

的三半規管和前庭

▶ 平衡感的機制

三半規管的功能

3個環為直角配置，透過腦整合資訊，感知頭的旋轉方向。

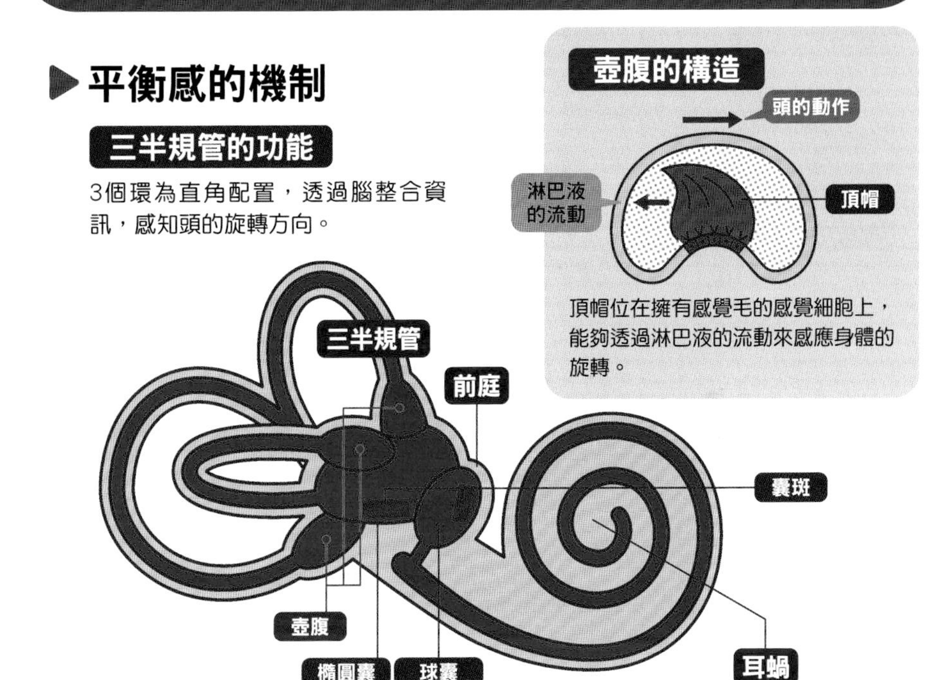

前庭的功能

名為橢圓囊和球囊的兩個隆起中各自有著囊斑（平衡感的受器），能感知直線運動。

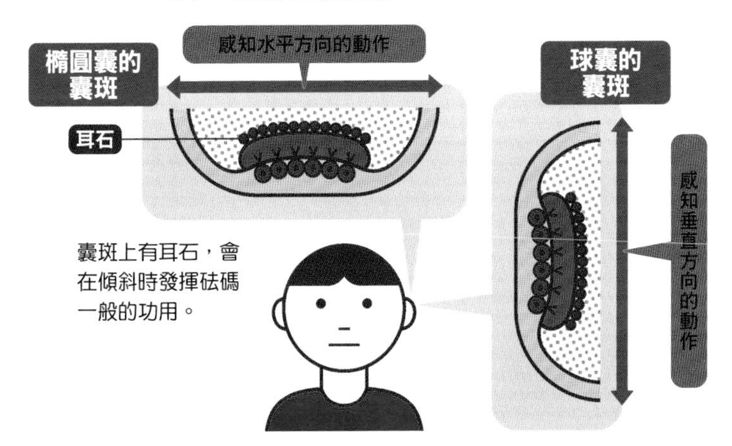

36 ［鼻子］ 何謂「氣味」？好、壞的差別在於？

氣味物質是由排列於鼻腔中的**嗅細胞**來感應。
好壞則是根據「**本能**」和「**學習**」進行判斷！

我們是如何感受氣味呢？氣味的感覺稱為**嗅覺**。鼻子是用來呼吸的出入口，同時也是**嗅覺的感覺器官**。鼻子的深處，有分隔成左右兩邊、名為鼻腔的空間。鼻腔壁上覆蓋著黏膜，隨時都保持濕潤的狀態。鼻腔的頂部有名為嗅上皮的組織，上面排列著感受氣味的受器。這個受器叫做嗅細胞，數量多達500～1000萬個。

「氣味物質」（氣味分子）會從產生氣味的物體飛散到空氣中，然後進入鼻腔的氣味物質會被嗅細胞前端的嗅纖毛捕捉到〔圖1〕。**嗅細胞分為許多不同的種類，而每一種都只能接收特定的氣味分子**。嗅細胞能夠透過接收到的氣味分子的組合和分子的量，來感受氣味的不同。人類據說可以分辨出數十萬種的氣味物質。

那麼，好氣味和壞氣味是如何判斷的呢？感受到氣味時，人會將先天的、本能的**「愉快、不愉快」**的反應，以及後天的、透過經驗養成的**「好惡」**的反應結合在一起。我們只要嗅到腐敗的、感覺有危險的味道就會把臉別開，如果是自己喜歡的氣味就會把鼻子貼近，對吧？這時，腦會瞬間針對氣味進行**「本能判斷」**，還有以記憶為依據的**「學習判斷」**，來評價氣味的好與壞〔圖2〕。

會將氣味轉換成電子訊號

▶嗅覺的機制〔圖1〕

從鼻孔進入的氣味物質會被嗅黏膜的嗅細胞捕捉到，並將其轉換成電子訊號，然後經由神經傳送至腦的嗅覺皮層。

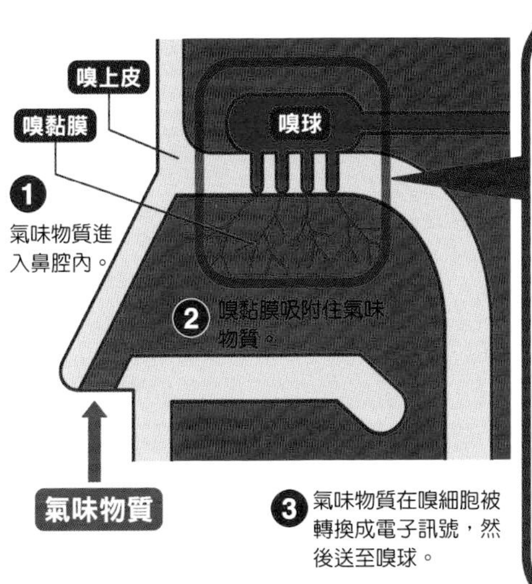

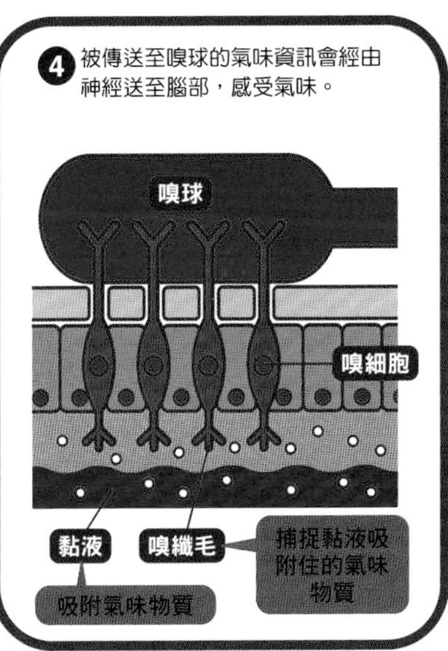

▶好氣味和壞氣味的差異為何？〔圖2〕

腦會根據本能判斷和學習判斷，製造出對氣味的印象。由於嗅覺的資訊傳送速度比其他感覺來得快，因此身體能夠瞬間對氣味做出反應。

37 「味道」是如何感受到的？

［舌頭］

舌頭的味蕾感受味道。
「多感官知覺」的味覺也會受到記憶等的影響！

味道是透過舌頭來感受。究竟味覺的機制是如何運作的呢？

舌頭上有由數十個味覺細胞集結而成、名為**「味蕾」**的器官，**味覺資訊就是在這裡被人體捕捉到的**。味蕾雖然除了舌頭外，也存在於口腔的黏膜上，但是一共約6000～7000個的味蕾中，有大約80%都位於舌頭。舌頭的表面排列著名為**「舌乳頭」**的小小突起物，而這個舌乳頭的側面有味蕾〔圖1〕。

從食物溶解於水或唾液中的物質，會刺激味蕾的味覺細胞並被轉換成電子訊號，然後經由神經傳送至腦。味覺本來的功能，是判斷進入口中的東西對身體而言是營養還是毒物，**如果是營養就會覺得好吃，如果是毒物就會覺得難吃。**

味覺也是會受到嗅覺、視覺、聽覺、觸覺影響的「多感官知覺」。我們之所以捏著鼻子吃巧克力，就會感受不到巧克力的味道，是因為這是味覺受到嗅覺影響所產生的現象。

另外，**味覺還會隨著年齡和身體所需要的東西而產生變化，進而使得喜歡的口味發生改變**。代謝旺盛的孩童時期會喜歡高熱量的甜點，便是因為這個緣故。相反的，以前覺得苦到喝不下去的咖啡和啤酒，長大之後就變得敢喝了，其中一個原因便是味蕾的變化〔圖2〕。

味覺會隨[illegible]產生變化

▶味覺的機制〔圖1〕

溶解於水或唾液中的食物，會刺激味蕾的味覺細胞並被轉換成電子訊號，然後經由神經傳送至腦的味覺皮層。

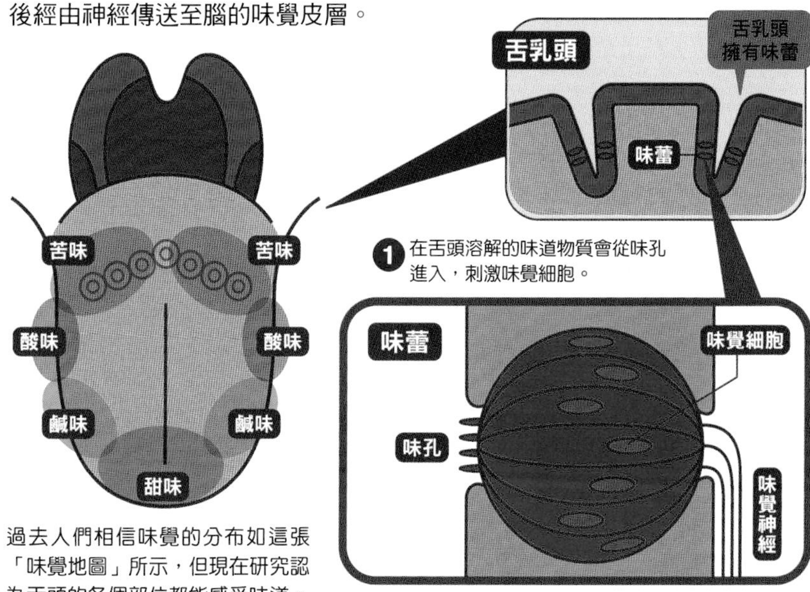

過去人們相信味覺的分布如這張「味覺地圖」所示，但現在研究認為舌頭的各個部位都能感受味道。

❶ 在舌頭溶解的味道物質會從味孔進入，刺激味覺細胞。

❷ 刺激會在味覺細胞被轉換成電子訊號，然後經由味覺神經傳送至腦，感受味道。

▶味覺為何會改變？〔圖2〕

人從20歲左右開始，味蕾的數量和感受度就會有所改變。不僅如此，味覺也會隨著經驗不斷地產生變化。

38 人是如何調節體溫？

［體溫］

體溫分為「**體表溫度**」和「**核心溫度**」，
並且透過**體表溫度來調節核心溫度**！

體溫分為「**體表溫度**」和「**核心溫度**」。我們一般在短時間內測量腋下等處所得到的體溫是體表溫度，核心溫度則是從肛門或鼓膜測得。**核心溫度是腦和內臟的溫度，通常保持在大約37度左右**。假使低於這個溫度，像是消化酵素的作用減弱等等，體內的化學反應就會變得遲緩。相反的若是超過42度，身體的蛋白質就會凝固。因此，讓核心溫度保持穩定對於維持生命非常重要。

體表溫度會受到外界溫度的影響忽冷忽熱。

假使外面很冷使得體表溫度下降，皮膚表面的血管就會收縮讓血液量減少，這麼一來核心溫度就不會下降。這時，皮膚內的豎毛肌也會收縮，使人產生雞皮疙瘩。

如果外面很熱使得體表溫度上升，皮膚底下的血管就會擴張讓血流增加，身體便能藉此釋放熱能，使體溫下降。皮膚的汗腺會冒汗，由於汗水蒸發時會帶走熱能，體表溫度於是隨之下降。**皮膚便是藉著對應這些溫度變化來保護身體，讓核心溫度盡可能維持穩定**〔右圖〕。

順帶一提，寒冷時身體會發抖是為了保持體溫。全身肌肉微微顫抖，會比靜止時製造出更多的熱能。

皮膚對　產生反應後調節體溫

▶皮膚管理溫度的機制

該機制的目的是為了維持核心溫度，不讓體內的蛋白質凝固。

當外界溫度寒冷時

血管收縮讓皮膚的血流量減少，熱能就不易流失。豎毛肌收縮使得毛髮周圍的皮膚隆起，形成雞皮疙瘩。

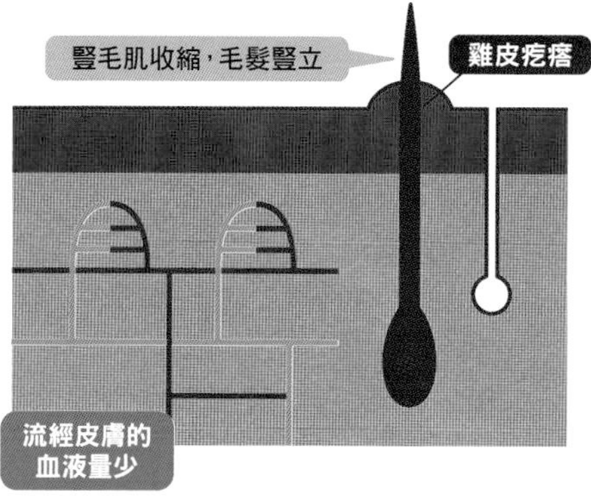

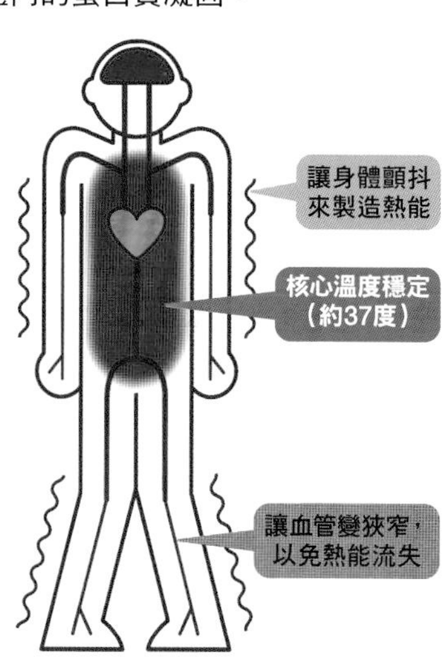

當外界溫度炎熱時

血管擴張讓皮膚的血流量增加，熱能就會流失。不僅如此，從汗腺冒出的汗水蒸發時也會帶走熱能（汽化熱）。

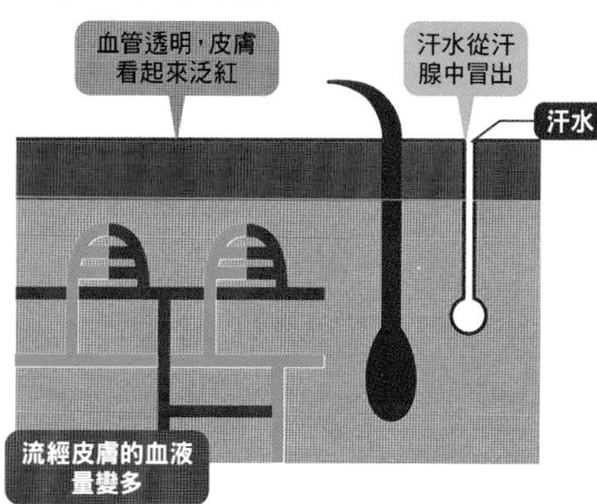

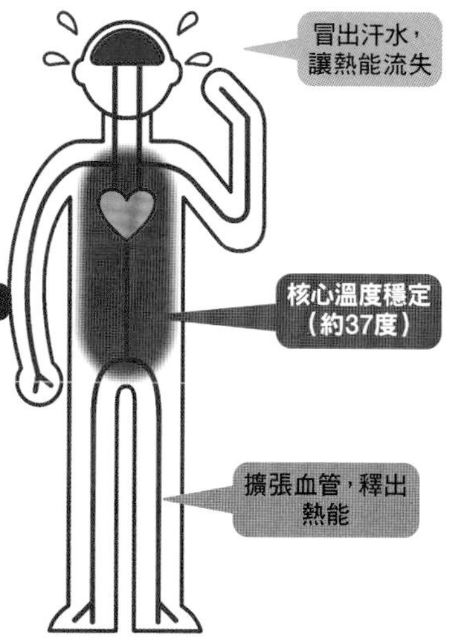

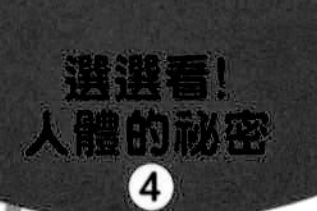

Q 人能夠存活的體溫極限是幾度？

42度	or	45度	or	50度

一旦發燒，身體就會變得沉重，整個人懶洋洋的。我們經常會聽說感冒發燒到40度，可是人能夠忍耐的體溫極限究竟是幾度呢？

日本人的平均體溫據說為36.89度。儘管每個人的體溫差距很大，無法一概而論，不過成人的正常體溫（健康時的體溫）大約是36～37度，小孩子會比成人稍高，老年人則會略微偏低。體溫也會在一天之中產生變化。像是感冒時等等，體溫即便只上升一度也會讓身體很難受，但是如果體溫繼續上升會發生什麼事呢？人的身體可以

承受的體溫極限又是幾度呢？讓我們以身體的「**核心溫度**」，也就是腦、內臟等身體內部的溫度為標準來思考吧。

一般認為，人能夠維持生存的體溫極限大約是33～42度〔右圖〕。**核心溫度若升到42度以上，構成身體的蛋白質就會因高溫而產生變化**。人體有20%是由蛋白質組成。像是在細胞和體內促進產生化學反應的酵素等等，那些由蛋白質組成的部分會遭到高溫破壞，結果導致人無法繼續生存。體溫一旦超過45度，便會在短時間之內死亡。換句話說，人能夠忍受的最高核心溫度為42度。

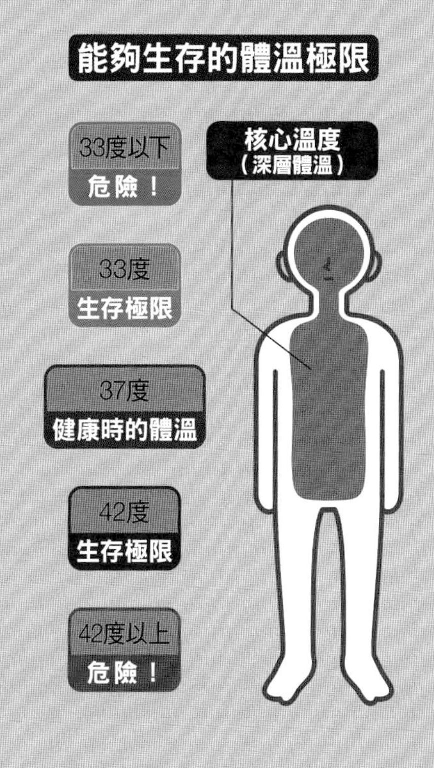

相反的，假使體溫變低，人體會發生什麼事呢？

核心溫度如果下降至35度就會引發低體溫症。為了調節體溫，血管會收縮，身體會顫抖。假如體溫下降至32度，身體會停止顫抖並產生意識障礙；低於28度時會失去意識，倘若體溫再繼續下降則會死亡。因此，適當的體溫是維持生命不可或缺的。

39 人的「皮膚」有什麼功能？

［皮膚］

主要功能是**保護身體**、抵禦外敵。
另外，還有**活化維生素D**的功用！

「皮膚」有著什麼樣的功能呢？

最外側的**「表皮」**，是由含有大量名為角蛋白的纖維狀蛋白質的細胞所組成。這個構造會形成屏障，**防止外界的細菌、病毒、異物入侵身體**。

表皮的最底層有製造麥拉寧色素的黑色素細胞。**周圍從黑色素細胞接收到麥拉寧色素的細胞，會致力於保護皮下組織不受有害紫外線的侵害**。

表皮底下的**「真皮」**中，布滿了編織成網狀的纖維。這個組織會令皮膚產生強度和彈性，減少因外界撞擊造成內部損傷的風險。

接著，真皮底下有脂肪層。這一層稱為**「皮下組織（皮下脂肪）」**，能夠幫助身體抵禦外界溫度的熱和冷，並且像緩衝墊一樣地保護身體。像這樣利用好幾層的構造來保護身體，就是皮膚最主要的功能〔圖1〕。

皮膚還有另一項**功能是活化維生素D**〔圖2〕。維生素D會促進小腸吸收磷和鈣，因此是保持骨骼強健所必需的營養素。維生素D會因為紫外線照射在皮膚上而被活化。

也會阻隔來自太陽的

▶ 皮膚保護身體的機制〔圖1〕

利用表皮、黑色素細胞、真皮的功能來保護人體。

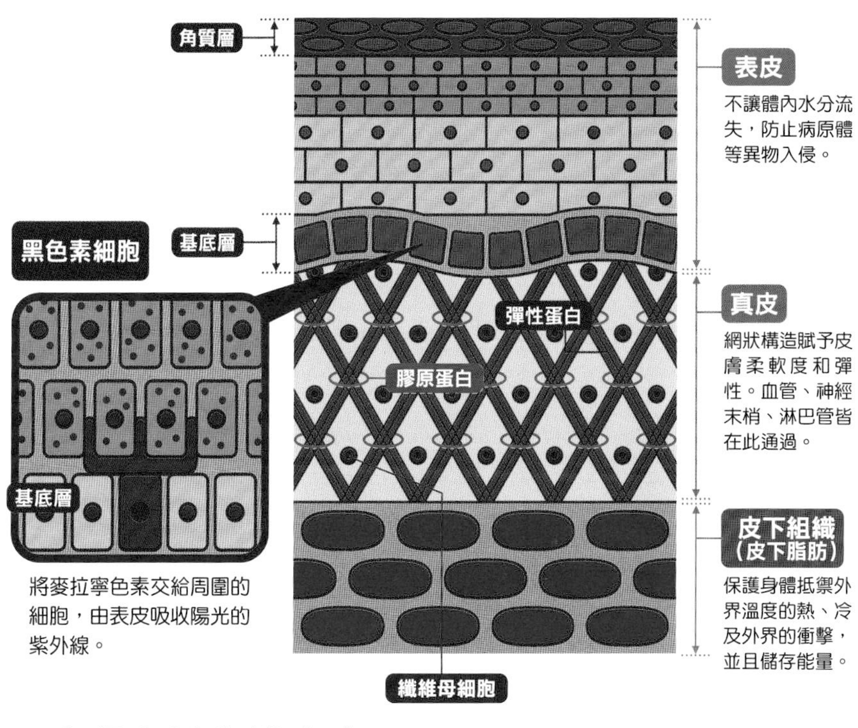

▶ 皮膚會活化維生素D〔圖2〕

維生素D因為會促進小腸吸收磷和鈣，所以有助於強健骨骼。適度的陽光紫外線有助於維生素D在皮膚被活化。

40 調整體內循環？「腎臟」的機制

［腎臟］

血液中的老廢物質會在腎臟被過濾，變成尿液排出體外！

腎臟是製造尿液的器官，不過它究竟是如何運作的呢？

人是靠著消耗蛋白質、醣類、脂質來活動。利用完蛋白質之後所產生的老廢物質和有害物質，會在腎臟被從血液中過濾掉，接著變成尿液排出體外。**腎臟是藉由製造尿液，來讓血液保持乾淨**〔圖1〕。

腎臟還有**排除多餘水分的功用**。這時，腎臟會配合身體所需要的水分來改變尿量。比方說，當運動後大量流汗時，為了避免身體失去過多水分，腎臟製造出來的尿量就會減少。

假使鹽分攝取過多，使得血液中的鈉含量增加，那麼隨尿液排出的鈉也會增加。這是因為腎臟也會調節血液中的礦物質濃度。腎臟也有**調節身體水分和礦物質含量的平衡，讓身體保持健康的功用**〔圖2〕。

如同日文以「肝腎」一詞來比喻最重要的事物，對人類而言，肝臟和腎臟無疑是無可取代的重要器官。假使腎臟的功能變差、幾乎喪失作用，屆時就得進行腎臟移植，或是以**「血液透析」**的方式來代替腎臟淨化身體的血液。

保持水分和礦物質的平衡

腎臟的過濾機制〔圖1〕

腎臟會過濾血液中的老廢物質和多餘水分、鹽分，製造出尿液排出體外，藉此讓血液保持乾淨。

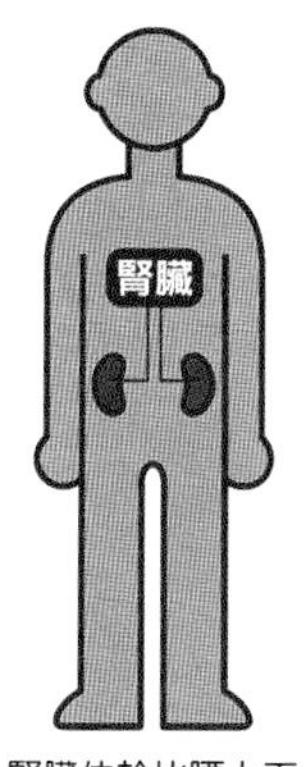

腎臟位於比腰上面一些的背部，左右各1個。

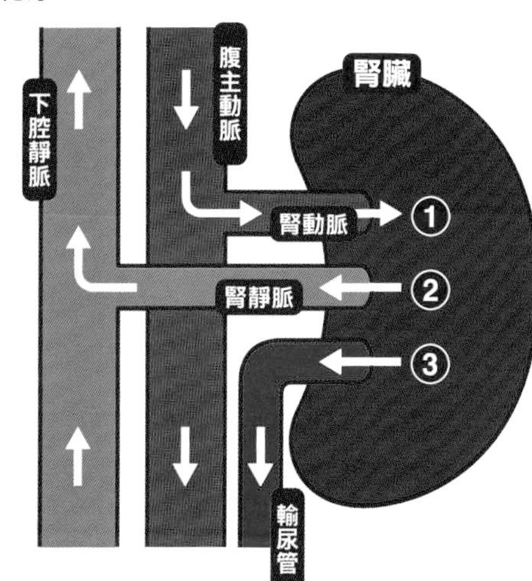

❶ 經由動脈被送至腎臟的血液會在此被過濾。

❷ 變乾淨的血液會經由靜脈回到心臟。

❸ 被過濾掉的老廢物質等會變成尿液，排出體外。

腎臟的主要作用〔圖2〕

調節水分量

大量流汗時會減少尿量，調整體內水分量的平衡。

調節礦物質濃度

如果吃了比較鹹的食物，腎臟也會調節血液中礦物質等電解質的濃度。

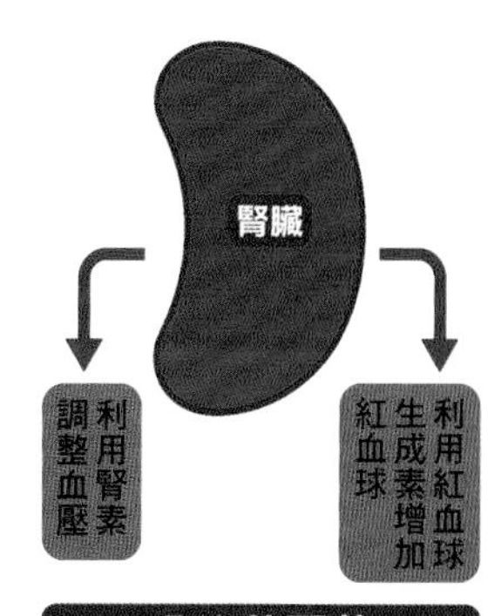

分泌荷爾蒙

腎臟也會分泌增加紅血球的荷爾蒙，以及調節成適當血壓的荷爾蒙。

41 飲酒過量會讓肝臟壞掉？

[肝臟]

大量飲酒會累積**三酸甘油酯**，導致**肝臟受損**！

人家常說飲酒過量對肝不好，那麼酒精究竟是如何使肝臟產生變化呢？

肝臟是擁有許多功能的器官。其中一項功能，就是**分解從消化器官吸收過來的食物養分，合成為容易利用的形式後加以儲存**。當攝取能量高於消耗能量時，多餘的能量就會被合成為三酸甘油酯等，儲存在內臟脂肪、皮下脂肪和肝臟中。

如果每天都大量飲酒，肝臟會被迫忙著代謝酒精，結果導致引發酒精性肝病，或者是脂肪肝。由於脂肪肝幾乎沒有醒目的自覺症狀，因此若是持續大量飲酒，肝臟疾病便會在渾然不覺中惡化。

另外，肝臟還有**代謝酒精等毒物的功能**（➡P36），但如果飲酒過量就會來不及代謝，**使得高毒性的乙醛在血液中循環**，為全身帶來不良影響。

倘若從脂肪肝的狀態繼續大量飲酒，就會演變成肝臟細胞發炎的**酒精性肝炎**；這時若是不停止過量飲酒，之後還會惡化成**肝硬化**。脂肪肝只要戒酒就能痊癒，但是肝硬化卻是不可逆的肝臟纖維化，因此很難恢復正常。

長期大量飲酒會讓

飲酒過量會讓身體變得如何？

一旦飲酒過量，大量脂肪就會囤積在肝臟，變成酒精性脂肪肝。另外，肝臟還會因為來不及分解酒精而持續受損。

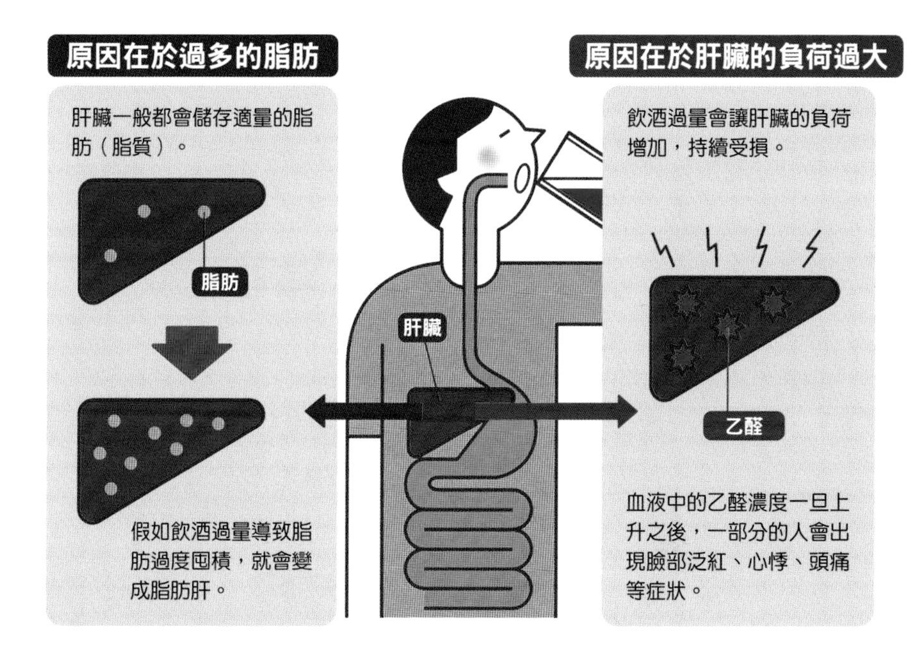

脂肪如果囤積在肝臟中……

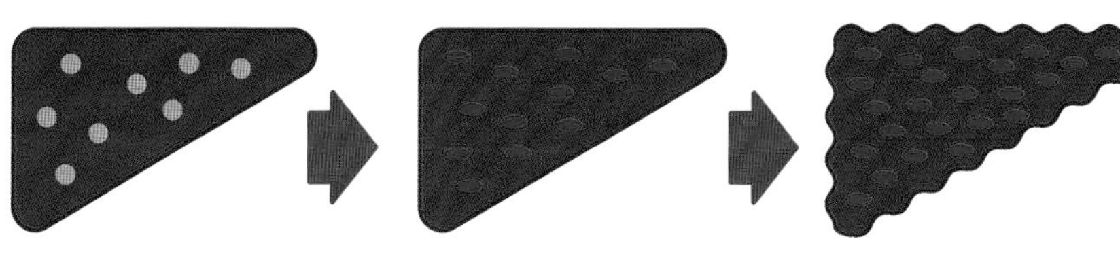

若大量飲酒使得脂肪過度囤積在肝細胞中，就會引起「酒精性脂肪肝」。

若持續慢性地大量飲酒，肝細胞就會發炎，變成「酒精性肝炎」。

發炎反應若持續下去，健康的肝細胞就會減少並持續纖維化，最終演變成「肝硬化」。

42 [胃腸] 什麼是「屁」？屁的原理

原來如此！

由和食物一起吞進去的**空氣**，和在腸道消化時產生的**氣體**所組成！

每個人都會放「屁」，可是「屁」的形成原理究竟是什麼呢？

屁其實是和食物一起吞進去的空氣，還有腸道細菌（➡P124）所製造出來的氣體。一個大人每天平均都會排出0.5～1.5公升的屁。吞進去的空氣遲早都會變成屁被排出體外。和食物一起吞進去的空氣並不臭，但是因為消化時所產生的氣體會伴隨腸道細菌所製造出來的氣體，所以才會產生惡臭〔右圖〕。

臭氣是在產氣莢膜芽孢梭菌等腸道的壞菌分解食物殘渣時所產生。肉含有大量蛋白質，被分解時很容易會產生臭屁。腸道細菌不只會讓屁變臭，還會製造出有害物質。

屁的主要成分有**氮氣、氫氣、氧氣、硫化氫、二氧化碳、甲烷**等。只要讓腸道細菌保持健全，屁的臭味就會減少。

另外，攝取發酵食物和水溶性纖維，可以讓屁和大便的氣味、大便的硬度保持適當，也能調整身體狀態，預防大腸癌等疾病的發生。

屁有分爲臭和不臭的

▶屁的原理

不同種類的腸道細菌進行分解時，所產生的氣體味道也不相同。

屁的產出過程

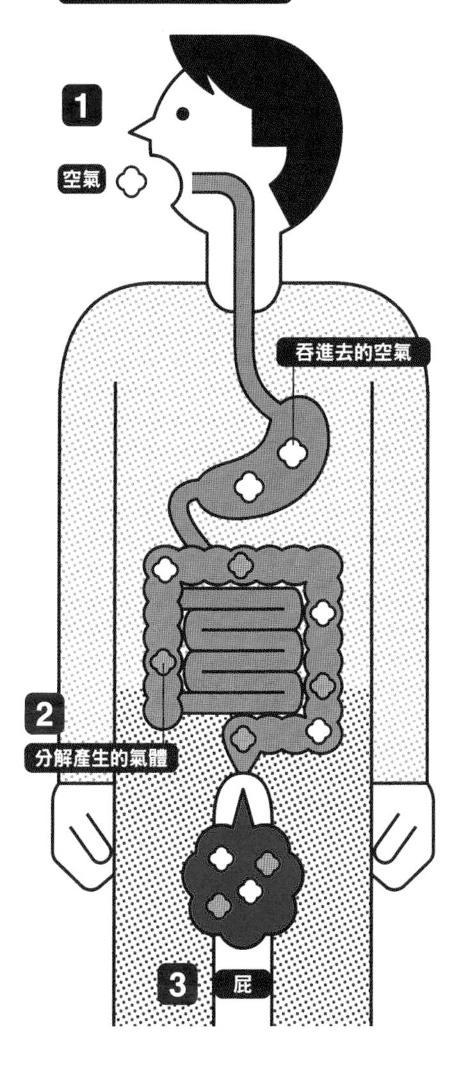

1 屁的成分幾乎都是吃東西時吞進去的空氣。

2 食物的殘渣被腸道細菌分解時會產生氣體。

3 分解產生的氣體和空氣混合成「屁」，被排出體外。

不臭的屁

腸道的好菌會因豆類、根莖類中所含的膳食纖維而增加，所以味道不臭。

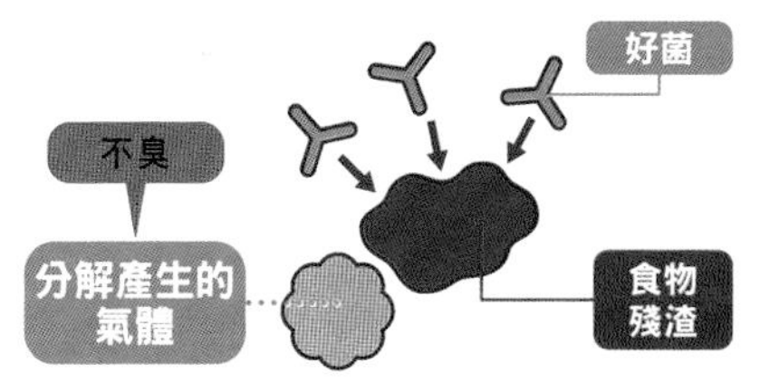

臭的屁

腸道的壞菌會因肉類、炸物而增加，導致臭味的產生。

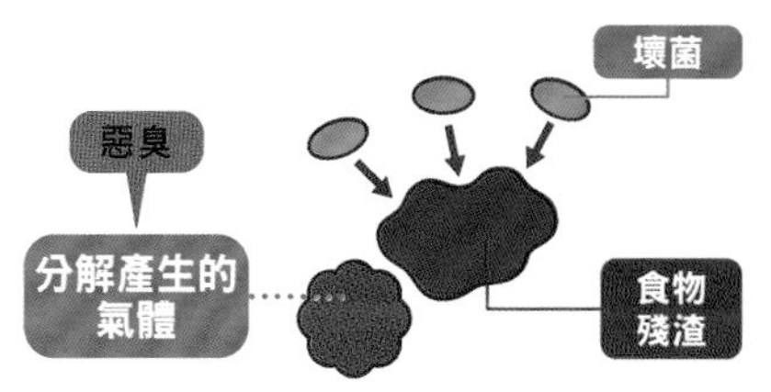

43 什麼是打嗝？爲何會打嗝？

［呼吸］

橫膈膜突發性地痙攣，發出「嗝」聲的現象！

人為什麼會打嗝呢？

打嗝是主要位於肺部下方的橫膈膜（還有其他呼吸輔助肌肉）**因為突發性地痙攣，以致發出「嗝」聲的現象**〔圖1〕。容易發生在吃熱食和刺激性食物，或是吃太快、一口氣喝完飲料、大聲說話、大笑時，不過也有可能是因為罹患食道或肺部疾病、腸胃障礙、尿毒症、腦瘤、酒精中毒等疾病而產生。

一般認為橫膈膜會痙攣與**迷走神經※和膈神經有關，但是這一點目前尚未釐清**。我們經常會聽說只要停止呼吸、突然被嚇到，或是喝冰水就能讓打嗝停止，不過這些比較像是人們長年以來的經驗法則，有時確實能夠止嗝，**但效果還是會依實際狀況而異**〔圖2〕。

打嗝若持續超過兩天以上，建議最好還是去接受醫師的診察。醫院會幫忙去除打嗝的原因、進行治療，嚴重時還會投藥，或是採取包含外科治療在內的對應療法。**有一個迷信說「連續打嗝100次就會死」，但其實這是假的**。或許是先人為了提醒大家，打嗝打不停有可能代表著身體暗藏重大疾病，所以才會出現這樣的說法吧。

※迷走神經……從腦的延髓延伸出來的一對神經。分布於頭部、頸部、胸部、腹部。

打嗝是

打嗝的原理〔圖1〕

打嗝是因為橫膈膜突發性地痙攣，以致發出聲音的現象。

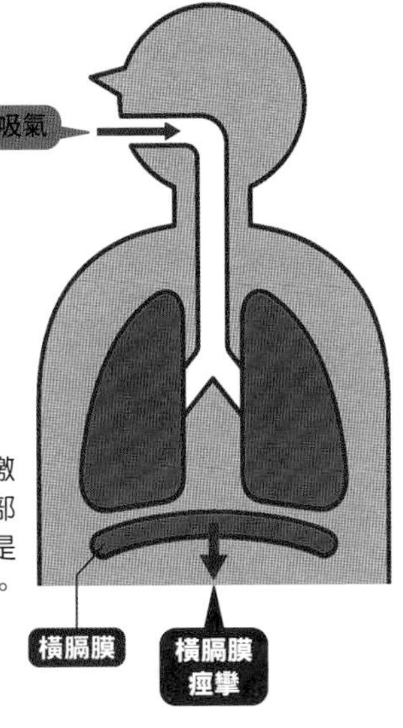

1 刺激身體

身體一旦受到「飲酒」、「熱&冰冷的飲料食物」等的刺激，就容易誘發打嗝現象。

2 橫膈膜痙攣

由於橫膈膜在受到刺激後突然收縮，使得肺部膨脹並快速吸氣，於是就會發出「嗝」的聲音。

止嗝的方法是什麼？〔圖2〕

人們根據長久以來的經驗，想出各種千奇百怪的止嗝偏方。

- 暫時停止呼吸

- 慢慢地喝冰水
- 漱口

- 讓膝蓋靠近胸口
- 身體前彎

44 占人體的60%以上？人體「水分」的機制

[身體]

有**細胞內液**和組織液、血漿、淋巴液等**細胞外液**！

據說成人的體重中有60%都是水分。究竟這麼多的水是存在於人體的何處呢？

人體的水分分為細胞內液和細胞外液。細胞內液是構成身體的每一個細胞中的水分，細胞外液則是血漿等位於細胞膜外側的液體。為了讓身體的內部環境維持穩定（體內平衡➡P132），**體液會維持在細胞內液占體液的3分之2、細胞外液占3分之1的平衡狀態下**。

水分的占比會隨著幼兒、成人、老人的年齡階段而有所不同，幼兒是占體重的70%，老人是占體重的50%，年輕人的水分占比較高〔右圖〕。老人的體液占比較低，是因為各種組織的水分量減少的緣故。反觀年輕人的身體則是充滿水分。

以成人一天排出的水分來說，呼吸和出汗的量約為0.9公升，再加上排尿、排便的1.6公升，總計會排出2.5公升左右。因此，**人一天需要補充約2.5公升的水分**。由於透過用餐平均能攝取約1公升的水，另外體內還能製造出約0.3公升的水分，因此日本厚生勞動省建議要從飲料攝取剩下約1.2公升的量。假使排出量和攝取量失衡導致水分不足，就會引發脫水症或中暑。

維持水分量的平衡非常重要

人體水分的比例

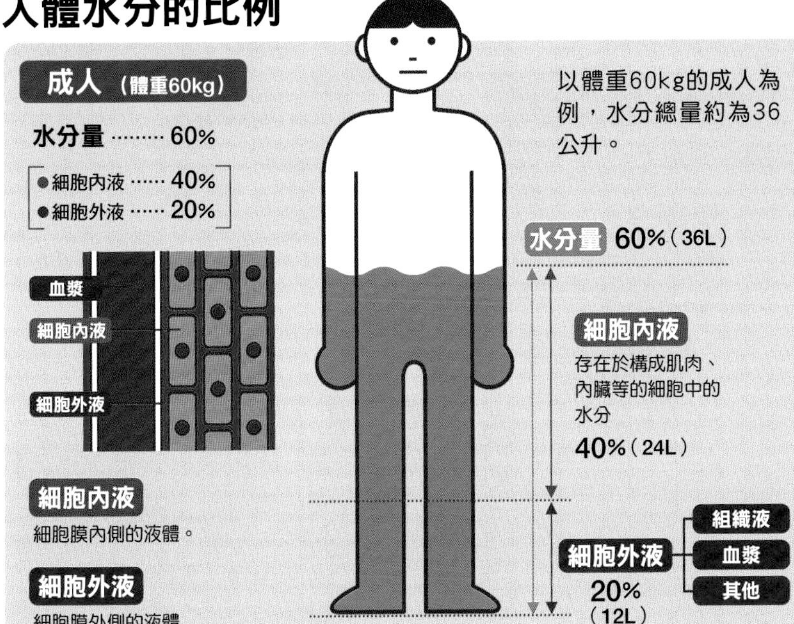

新生兒

水分量……80%

- 細胞內液……40%
- 細胞外液……40%

幼兒

水分量……70%

- 細胞內液……40%
- 細胞外液……30%

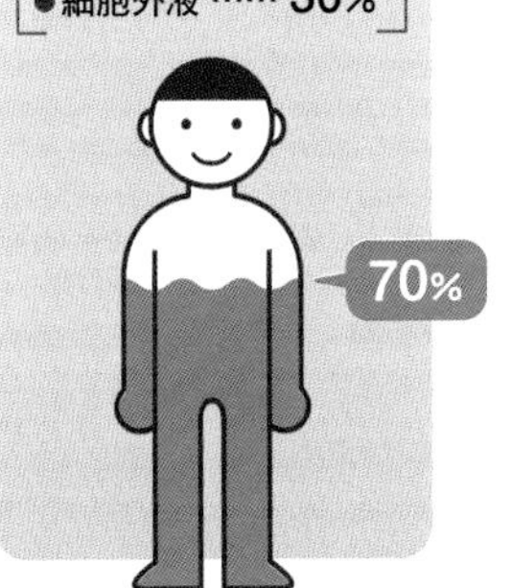

老人

水分量……50%

- 細胞內液……30%
- 細胞外液……20%

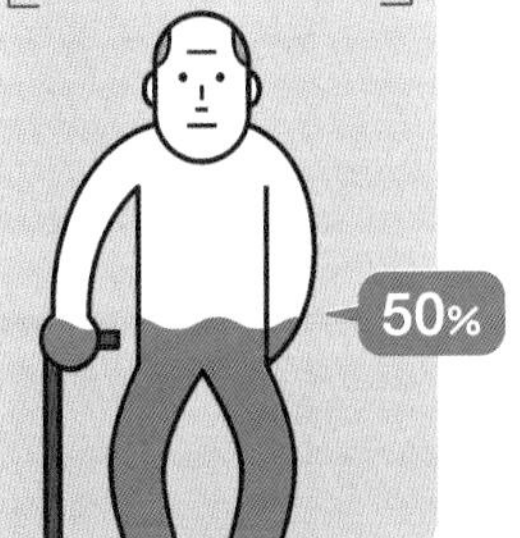

Q 人如果只喝水可以存活多久？

1 星期左右 or 3～4星期左右 or 2個月左右

在山中或海上遇難的人，在沒有食物只喝水的情況下存活幾天後獲救……這樣的事情時有所聞。究竟人能夠在沒有食物「只喝水」的情況下存活幾天呢？

人一旦無法從食物中獲取養分，便會開始消耗體內儲存的醣類和脂質來維持生命。首先，因為醣類的代謝效率比脂質來得好，所以會先將體內的**葡萄糖**當成能量來源進行消耗。儲存在肝臟內的肝醣會被轉化成葡萄糖來消耗。

等到葡萄糖用完了，這次就會開始消耗**脂質**。儲存於體內的脂肪細胞釋放出脂質後，脂質會被粒線體（在細胞內產生能量的器官）所分解，逐漸轉換成能量。**肌肉等也會被當成能量來源**來使用。這麼一來，人據說就能只靠著水存活3～4星期。順帶一提，如果除了水之外，也能攝取鹽巴（礦物質）或糖果（糖分）的話，生存期限就會大幅延長。

接著也來思考看看**「沒有水」的情況**吧。人體中的水分約占體重的60%。像是細胞內液、血漿、淋巴液、消化液等等，水分在身體各處循環，幫忙運送養分、排泄老廢物質。

另外，人一天會隨著尿液、糞便、呼吸等，排出約2.5公升的水分。為了補足排出的水分，人必須補充等量的水來讓體內的水分量保持穩定。

假使身處無法喝水的狀況，體內的水分就會不足，變得難以維持身體的活動，並且撐不了幾天就會死亡。

人如果什麼也不吃……

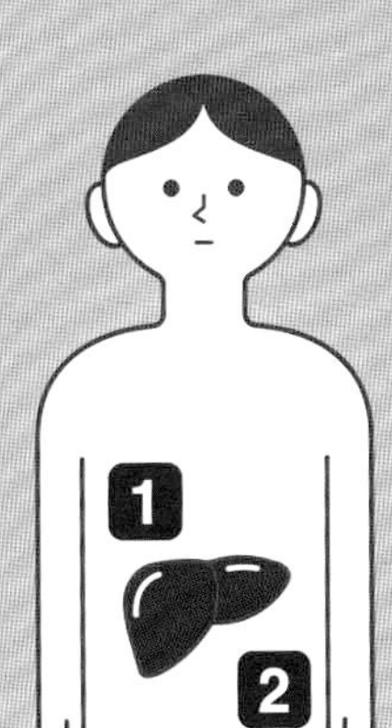

1 消耗醣類

肝臟所儲存的肝醣會轉化成葡萄糖，作為能量。

2 消耗脂質

身體所儲存的脂肪細胞會釋放出脂質。脂質會在細胞內被分解，作為能量。

3 其他來源

肌肉所儲存的肝醣會轉化成葡萄糖，作為能量。

45 蛀牙是如何形成的？

［牙齒］

因為**糖被口腔細菌分解而產生酸**，
溶解了**牙齒的鈣質**！

蛀牙是由於殘留在牙齒上的食物殘渣讓細菌增加，而細菌製造出酸性物質所引起。口中的細菌會聚集形成牙垢。細菌會分解糖並製造出酸，然後那個酸會溶解牙齒的鈣質，在牙齒上鑽洞〔圖1〕。

蛀牙一旦產生，首先會在牙齒的**琺瑯質**上鑽洞，那個洞如果深達**象牙質**，吃冰冷食物時牙齒就會感到酸痛。蛀牙若是到達**牙髓（牙齒的神經）**，便會產生非常劇烈的疼痛感。假使蛀牙程度繼續加重，牙齒就會崩塌，呈現只剩下牙根的狀態。有時細菌還會從牙根感染到周圍的組織，令支撐牙根的組織發炎。一般而言，**要蛀穿琺瑯質需要2～3年，之後蛀穿象牙質則需花上約1年的時間**〔圖2〕。

倘若放著牙垢不管，牙垢就會和唾液的成分起反應，變成牙結石，最終引發令牙齒和牙齦發炎的**牙周病**。牙周病不只是牙齒的問題，還會使得糖尿病惡化，為全身帶來不良的影響。

唾液有著沖刷細菌，以及利用唾液中所含之鈣質來修復琺瑯質的**「再石灰化」**功用。因此，如果尚處於牙齒受損、琺瑯質表面溶出的階段，蛀牙是可以靠著再石灰化痊癒的。因為牙齒的表面隨時都在進行再生。

蛀牙如果放著不管，最終將面臨　　的風險

蛀牙的原理〔圖1〕

在形成蛀牙之前，會先經過好幾個階段。

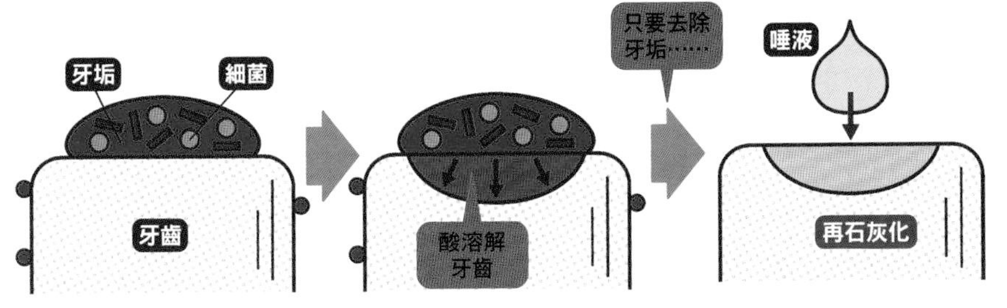

1 牙垢堆積

細菌由糖分製造出黏稠物質，形成由細菌組成的「牙垢」。

2 利用酸溶解牙齒

細菌會在牙垢中分解糖分並製造出酸，溶解牙齒的表面。

3 利用唾液再石灰化

唾液的石灰成分會治療溶解的牙齒。若在那之前受到酸的侵蝕，就會形成蛀牙。

何謂蛀牙〔圖2〕

蛀牙是口腔細菌製造出來的酸溶解牙齒的鈣質，在牙齒上鑽洞的疾病。嚴重的話還會掉牙。

蛀牙的進程

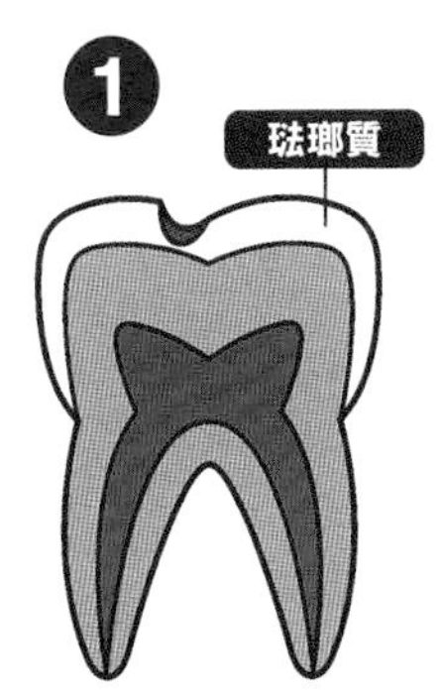

在琺瑯質上鑽洞。

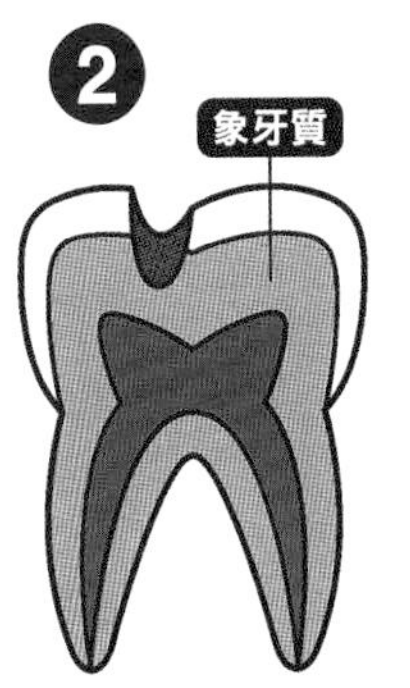

洞蛀到了象牙質。冰冷食物會令牙齒酸痛。

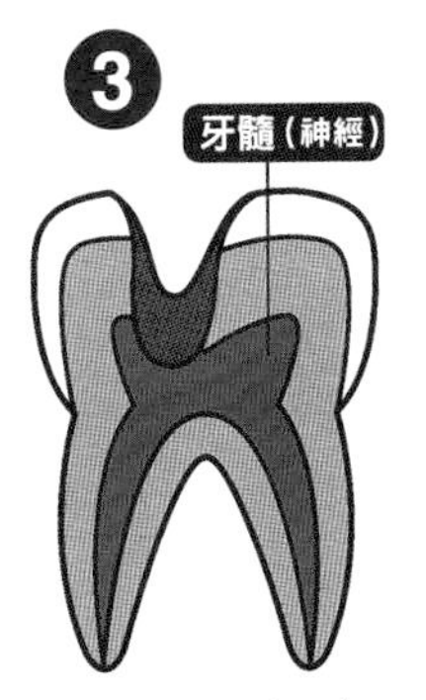

洞蛀到了牙髓。產生劇烈的疼痛。

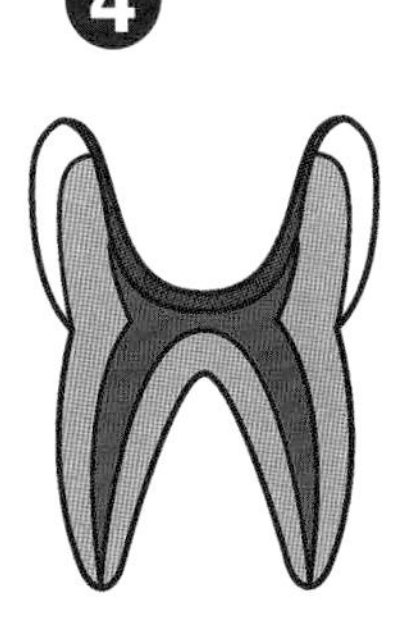

牙根前端化膿，牙齒崩壞，不久牙齒就會脫落。

46 食物的營養是如何被吸收的？

［胃腸］

營養主要是被「**小腸**」吸收。
小腸是**表面積約有網球場那麼大**的器官！

我們是透過飲食來攝取營養……可是，這個「營養」是由人體的哪個器官，又是如何被吸收的呢？

營養主要是被「小腸」吸收。小腸大約只有幾公分粗，長度卻高達6～7公尺。是由**「十二指腸」、「空腸」、「迴腸」**這3部分組成的器官〔右圖〕。

小腸會消化食物，並且吸收營養。**消化和吸收雖然是由整個腸道來進行，不過養分主要是在小腸被吸收**。

小腸的內側黏膜上有環狀皺褶，而這個皺褶上名為**「絨毛」**的細小毛狀突起會吸收營養。然後，這個絨毛的表面上又覆蓋了更細小的微絨毛。

絨毛是高度約0.5～1釐米左右的突起。微絨毛的細胞膜中有許多消化酵素，會將**營養分解成能夠通過細胞膜的分子大小**，然後加以吸收。絨毛中有微血管和淋巴管，絨毛吸收到的營養會進到裡面。

順帶一提，微絨毛的表面積為體表面積的100倍以上，相當於**一座網球場**那麼大。小腸便是利用這個廣大的面積來吸收營養。

小腸是由　　　、　　　、　　　所組成

小腸的功能

小腸的功能是消化食物和吸收養分。消化是由十二指腸和空腸負責，養分的吸收則是由小腸整體來進行。

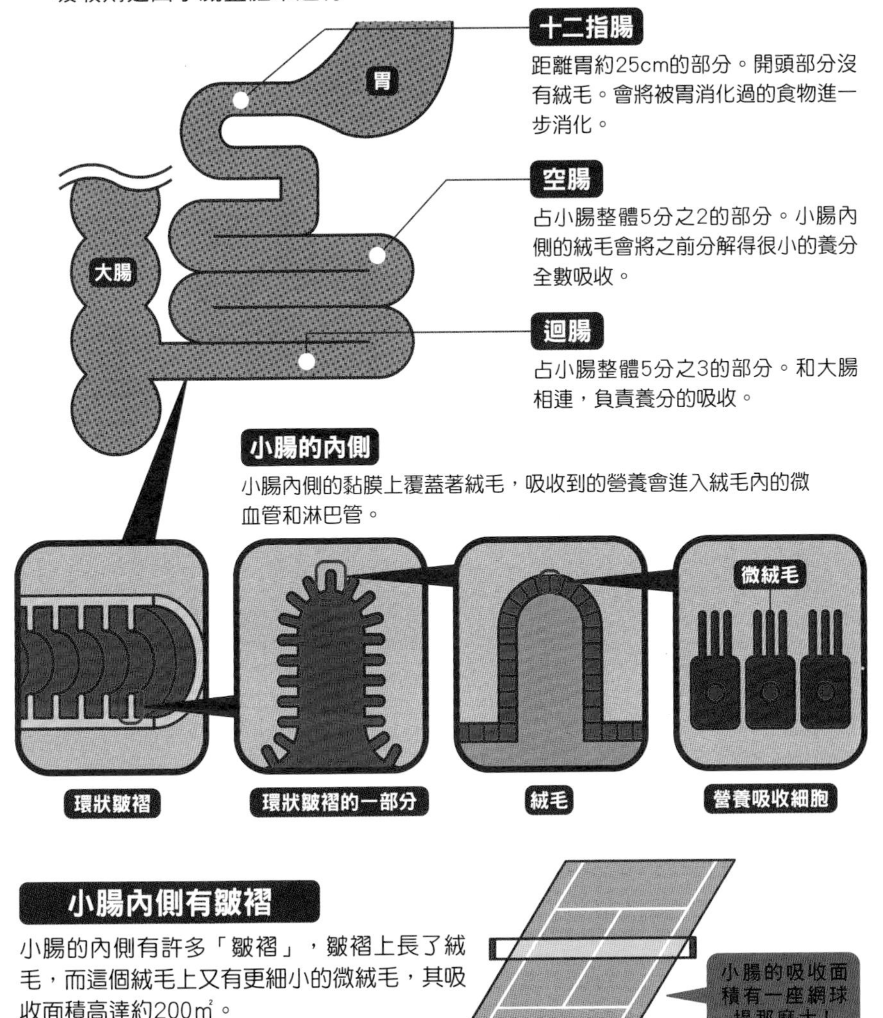

小腸內側有皺褶

小腸的內側有許多「皺褶」，皺褶上長了絨毛，而這個絨毛上又有更細小的微絨毛，其吸收面積高達約200㎡。

47 [胃腸] 爲何睡著了，食物還是會抵達胃部？

因為食物會經由食道的**肌肉運動被送到胃裡**！

從嘴巴進入身體的食物為何會確實抵達胃部呢？

食道是長約25公分，左右直徑約2公分的細長管子。**食物是透過重力和食道肌肉的收縮所形成的蠕動運動，被運送到胃裡**。大量進食時就需要重力的幫忙，但如果是少量進食，那麼之所以即便躺著也能順利運送到胃而不會逆流到口中，都是因為蠕動運動的關係〔圖1〕。順帶一提，胃和腸都是靠著蠕動運動將食物往前送。從食道運送過來的食物會被儲存在胃中。在這裡，**食物和胃液會經由胃的蠕動運動被充分混合，逐漸變得像粥一樣**〔圖2〕。

胃液含有強酸性的鹽酸，同時也具有很強的殺菌作用。為什麼胃不會被胃液溶解呢？這是因為胃的黏膜會分泌黏液，保護胃的內側不受胃液侵蝕。由於黏液的保護效果並不完美，因此胃黏膜還是有可能會被胃酸消化掉。**胃黏膜發炎或是受損的狀態，就是所謂的胃炎和胃潰瘍**。

胃炎和胃潰瘍會因居住在黏液中、名為「**幽門螺旋桿菌**」的細菌感染而惡化。這種細菌居住在胃裡，會引發各種胃部疾病。

藉由　　　混合胃液和食物

▶食道的機制〔圖1〕

食物進入到食道後，會經由名為蠕動運動的肌肉收縮被往前送。腸子也會進行這種運動，稱為腸道蠕動。

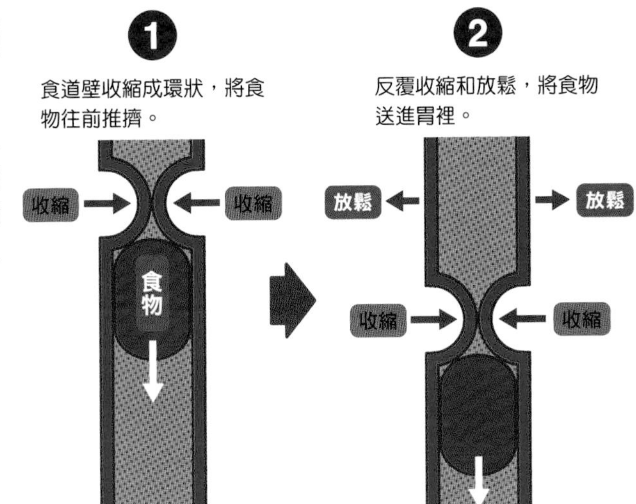

▶胃的蠕動運動〔圖2〕

胃是容量約1.5公升的袋狀器官，藉由蠕動運動讓食物和胃液充分混合，變成粥狀。

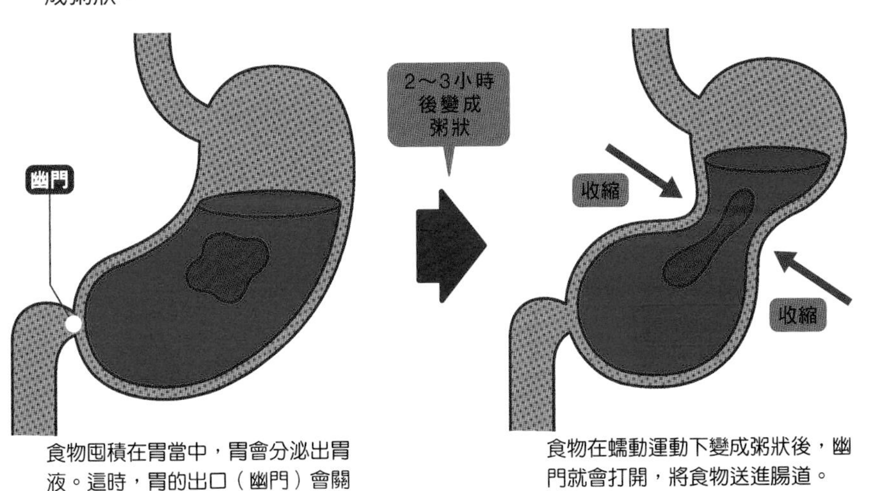

食物囤積在胃當中，胃會分泌出胃液。這時，胃的出口（幽門）會關閉起來。

食物在蠕動運動下變成粥狀後，幽門就會打開，將食物送進腸道。

48 腸道細菌是什麼？數量有多少？

［胃腸］

每個人的腸道都住著
約100兆個獨具特色的細菌！

人類其實和微生物存在著共生關係。**人的腸道內，住著約100兆個名為「腸道細菌」的細菌**。腸道細菌是靠著吃分解進入腸道的食物後獲得的營養來生存，然後製造出乳酸、醋酸、維生素，發揮調整腸道環境的功用〔圖1〕。

腸道細菌由種類多達數百種的細菌構成，可大致分為**對身體健康有益的「好菌」**、**對健康有害的「壞菌」**，以及**介於兩者中間的「中性菌」**，而這3類都各自保持著種類和數量上的平衡〔圖2〕。這些腸道細菌群聚棲息的模樣，就好像腸道中的「花圃」一樣，所以被稱為**「腸道菌叢」**。

平時好菌會幫忙維持中性菌的平衡，防止對身體有害的壞菌增加，然而這個平衡一旦瓦解，壞菌就會增加使得腸道環境惡化，身體狀況也因此變差。飲食不均衡、生活壓力大、腸道發炎、老化等等，都是造成腸道環境失衡的原因。

每個人體內腸道細菌的組成各不相同，同時也會受到居住地區的影響而有所差異。這個差異據說和每個人的體質不同也有關係。

體內腸道細菌的組成

▶腸道細菌的主要功用〔圖1〕

居住在腸道內的細菌可大致分為對健康有益的「好菌」、對人體健康有害的「壞菌」，以及介於兩者中間的「中性菌」。

預防感染

藉著打造出平衡的腸道環境，讓腸道的「黏膜免疫」發揮作用。

消化膳食纖維

腸道細菌會消化膳食纖維，間接地增加好菌。

生產維生素類

好菌會生產出維持健康所需要的營養素，也就是維生素類。

▶腸道細菌的平衡〔圖2〕

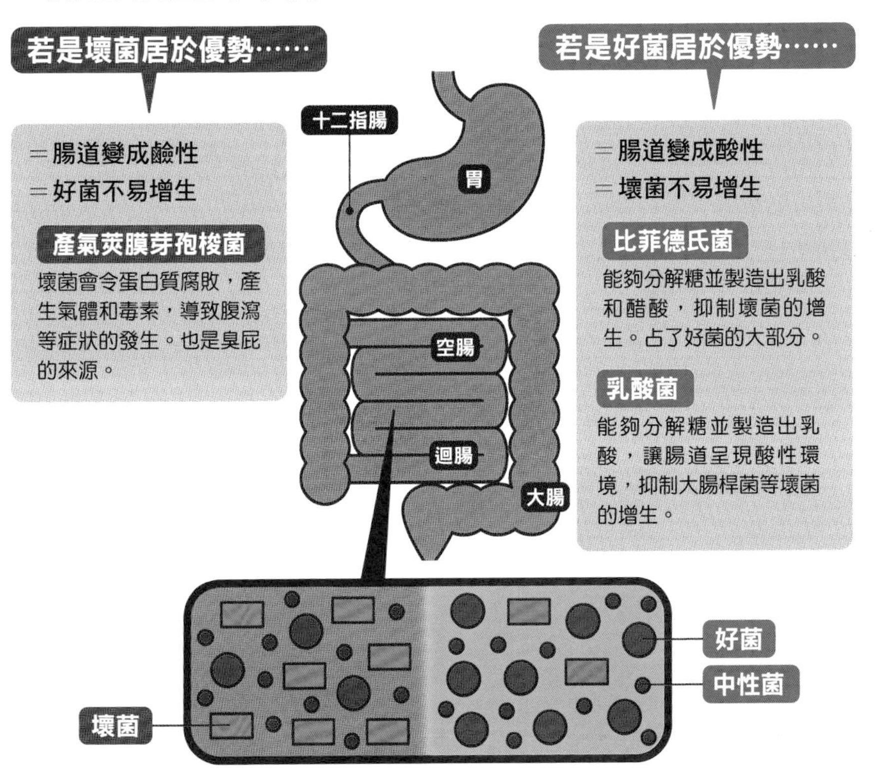

49 [胃腸] 腸道被稱爲「第二個腦」的原因？

因為腸道擁有**獨立的神經網絡**，
能夠憑藉各種作用**自主活動**！

腸道雖然是消化吸收食物的消化器官，卻也是**保護身體不受病原體侵害的免疫器官、分泌荷爾蒙的器官**，並且有許多神經分布於此。

包括腸子在內的消化道中遍布著神經細胞的網絡，被稱為**「腸道神經系統」**。該系統據說擁有4～6億個神經細胞，因此又被稱為繼腦和脊髓之後的**「第二個腦」**〔圖1〕。在腸道神經系統的作用之下，像是移動或混合食物的消化道運動、在腸道內輸送水和鈉等電解質，以及調節血流等等，都能在消化道中自主進行。

腦神經系統和腸道神經系統之間被認為有著很深的連結，會互相影響著彼此。人只要覺得不安或緊張，常常就會肚子痛對吧？目前已知腸道環境會為精神方面帶來影響。這種雙向的關係被稱為**「腦腸間相互作用」**〔圖2〕。一般認為，腸道明明沒問題，卻因為壓力大等因素而產生腹痛、排便異常的**「腸激躁症候群」**，可能是由於腦腸間相互作用的惡性循環所引起。針對腸道對包括腦在內的全身帶來影響的機制，目前仍在研究當中。

腦與腸道

▶何謂腸道神經系統？〔圖1〕

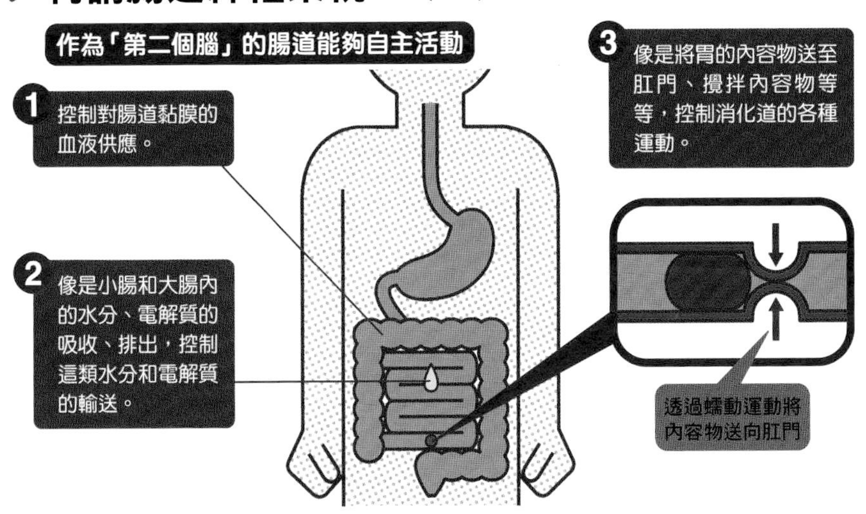

▶何謂腦腸間相互作用？〔圖2〕

腦和腸道緊密連結，互相影響著彼此。

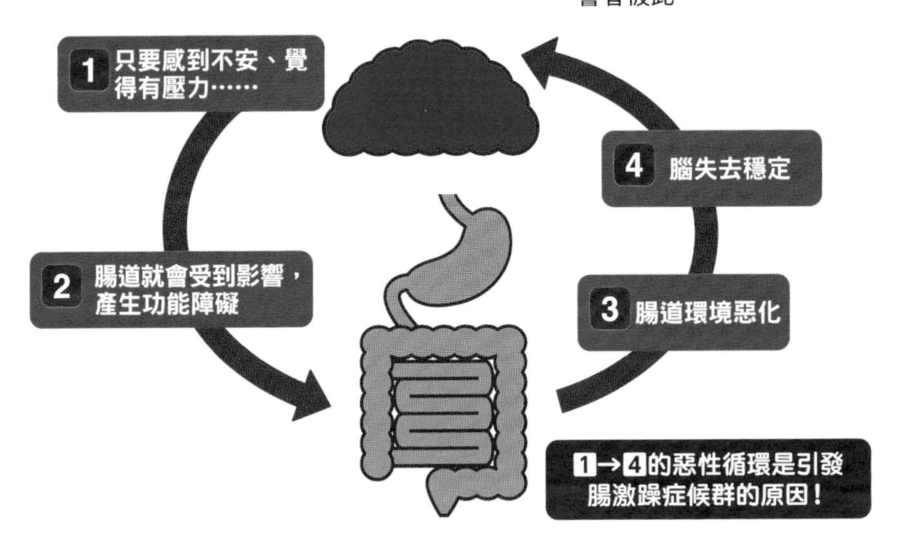

50 [脂質] 脂質是什麼？爲何不可或缺？

為人體**必需的營養素**，
但若是攝取過多就會對身體**有害**！

食物的脂肪中含有許多「脂質」。脂質雖然會造成肥胖等疾病，卻也是合成細胞膜和荷爾蒙所必需的營養素。

脂質是透過飲食被身體吸收。脂質會被名為脂酶的酵素分解成脂肪酸和單酸甘油酯（由1分子的甘油和1分子的脂肪酸結合而成），而這兩者被小腸吸收後會再次合成為脂肪，然後被儲存於皮下等處。透過這種方式**被儲存的脂肪，無論是作為能量來源、構成細胞和身體的物質，還是營養儲存物質，都非常重要**〔圖1〕。

體脂肪分成**皮下脂肪**和**內臟脂肪**，具有各種不同的功用〔圖2〕。皮下脂肪被儲存在皮膚和肌肉之間，能夠像緩衝墊一樣保護身體，抵禦寒冷、衝擊等來自外界的刺激。內臟脂肪是附著在腸胃、肝臟等內臟周圍的脂肪，過多的內臟脂肪會引起慢性發炎的反應。像是和食慾調節作用有關的**脂聯素**等等，適量的脂肪組織是製造出這些重要荷爾蒙的重要器官。

當人體的能量不足時，首先會被拿來使用的是內臟脂肪，接著才是皮下脂肪。以**體脂肪率來說，男性若超過25%、女性若超過30%就算是肥胖**，會對健康造成不良影響。

體內儲存的脂肪是重要的

何謂脂質？〔圖1〕

脂質是能量的來源，同時也是非常重要的營養儲存物質。

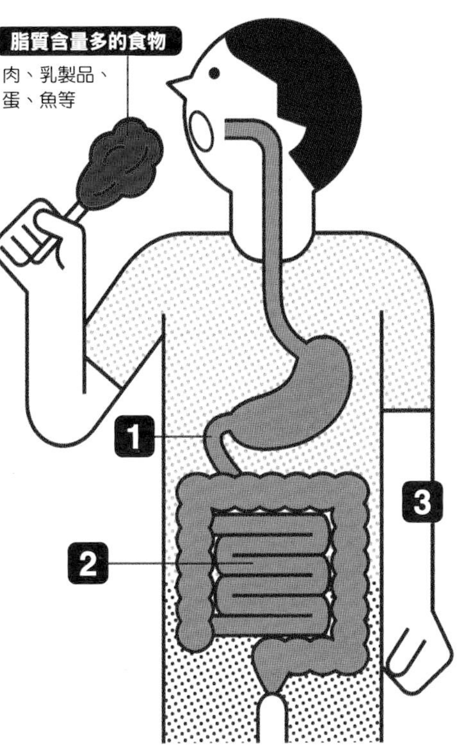

1 多數的脂質會在十二指腸，被胰臟的消化酵素（脂酶）分解成脂肪酸和單酸甘油酯。

2 經過分解的脂質會在小腸被吸收。

3 吸收進來的脂質會運送到皮下、腹腔、肌肉等的脂肪組織，儲存作為體脂肪。

脂質會在需要時被當成能量消耗！

體脂肪的功用是什麼？〔圖2〕

51 [受傷] 爲何傷口和骨骼會復原？

因為人體擁有「**自癒力**」。
靠著**細胞的力量**逐漸修復！

當我們不小心割破手時，傷口會自然而然地癒合對吧？人的身體即便生病或受傷，也能憑著自己的力量康復。這種力量就稱為**「自癒力」**。

皮膚因為受傷而受損時，從破裂的血管中流出的血液等會自傷口溢出。這時，血管會即刻收縮，血小板等也會發揮止血功能。由於細菌會從傷口入侵，所以在止血的同時，白血球也會立刻聚集在傷口處殺菌。

化膿時產生的膿液，是由和細菌作戰過的白血球的屍體及體液組成。同時，在傷口的深處會開始進行皮膚的細胞分裂，漸漸地修復傷口。至於殘留在表面的血液、體液、細菌屍體則會凝固結成痂。

真皮缺損的部分是由新的纖維母細胞來填補，老舊組織則是由白血球來進行清除。不久後，皮膚被修復、結痂脫落，傷口於是痊癒〔圖1〕。

骨折也能憑著自癒力康復。骨骼擁有能夠在幾個月內完全更新的再生能力。成骨細胞會聚集起來，慢慢填補斷掉的部分〔圖2〕。細胞只會增生出所需的量並分化成適當的細胞，等到傷口或骨折痊癒了就停止增生，這樣的機制實在令人感到不可思議。

皮膚的傷口和骨折都能憑著　　復原

▶皮膚傷口的癒合過程〔圖1〕

傷口是利用血小板、皮膚的膠原蛋白等自動進行修復。

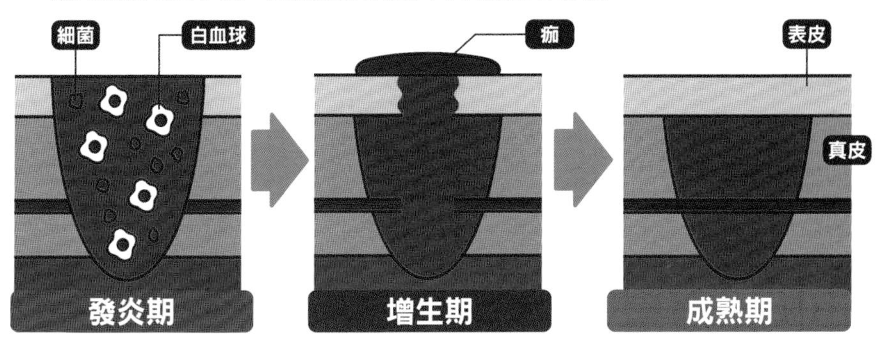

發炎期

從破裂的微血管跑出來的血小板會令血液凝固。白血球會去除入侵的細菌。

增生期

體液等乾掉後會變成痂。發達的微血管和纖維母細胞製造出來的膠原蛋白，會慢慢填補缺損部分。

成熟期

即便結痂脫落、表皮再生成原來的樣子，表皮底下的組織依然會為了恢復原狀持續進行修復。

▶骨折的癒合過程〔圖2〕

骨骼會經歷名為骨痂的不成熟骨骼狀態，自動進行修復。

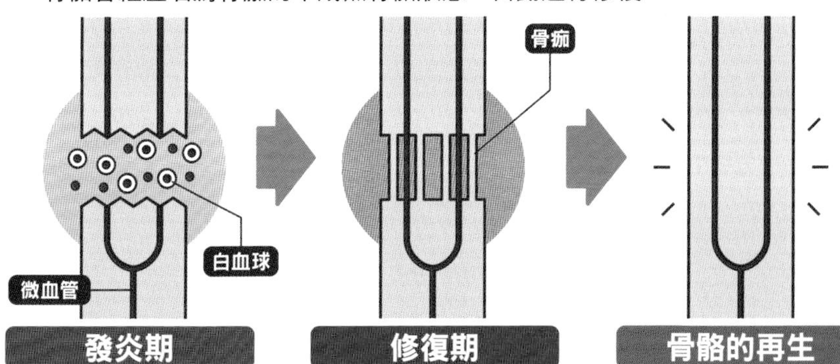

發炎期

骨折後會出血，產生發炎反應，然後白血球等發炎細胞會聚集過來。

修復期

骨骼的縫隙之間會形成軟骨以固定骨骼的兩端，進入名為「骨痂」的狀態。由成骨細胞來進行骨骼的更新。

骨骼的再生

蝕骨細胞（➡P74）會吸收掉不需要的骨痂。新的骨骼會被再生成為原本的形狀和強度。

52 調整體內環境？「荷爾蒙」的機制

[荷爾蒙]

原來如此！

由內分泌器官製造出來的物質。
少量即可大大改變人的身體狀況！

人體內有著持續調整身體狀況的「荷爾蒙」。那究竟是什麼樣的物質呢？

荷爾蒙是經由血液，在細胞之間進行聯繫的化學物質。我們的身體即便外界或本身的狀況產生變化，也能保持在一定的狀態下（**體內平衡**）。而維持這個體內平衡的，就是**自律神經系統**和**荷爾蒙**。

荷爾蒙是從分泌荷爾蒙的內分泌腺和各種細胞，被分泌到血液中。荷爾蒙的種類很多。腦中有荷爾蒙的分泌中樞：腦下垂體，會分泌出**「刺激荷爾蒙（激素）」**，而根據這個指令，內分泌腺會製造出各式各樣的荷爾蒙。

另外，脂肪組織也會分泌脂肪細胞素（脂肪組織所分泌的荷爾蒙總稱），肌肉則會分泌肌肉激素（肌肉所分泌的荷爾蒙總稱）。

荷爾蒙即使只有**體重每公斤100萬分之1公克的量，也能發揮出很大的作用**。神經是對神經細胞抵達的地方發出指令，荷爾蒙則是順著血流，對遠處的各種細胞發揮特定作用。

荷爾蒙會引起

▶內分泌腺所分泌的主要荷爾蒙

荷爾蒙是負責調節，讓身體狀態保持穩定的化學物質。經由血液的運送，對特定器官和身體的功能產生影響。

腦下垂體

生長激素

像是聚集胺基酸來製造蛋白質、促進骨骼生長等，會幫助身體成長發育。

刺激其他內分泌腺的荷爾蒙

製造出荷爾蒙，命令甲狀腺、脾臟、腎上腺、生殖器等製造出荷爾蒙。

甲狀腺（副甲狀腺）

甲狀腺素

活化基礎代謝，促進生長。又稱為甲狀腺激素。

副甲狀腺素

調節血液中的鈣質濃度。由副甲狀腺分泌出來。

生殖器

男性荷爾蒙

像是令生殖器、骨骼肌變得發達等，打造出男性化的身體。由睪丸分泌出來。

女性荷爾蒙

像是活化卵子的生成等，打造出女性化的身體。由卵巢分泌出來。

胰臟的胰島

升糖素

作用是將儲存於肝臟的肝醣分解成糖，讓血糖值上升。

胰島素

像是促進血液中糖的消耗等，能夠讓血糖值下降。

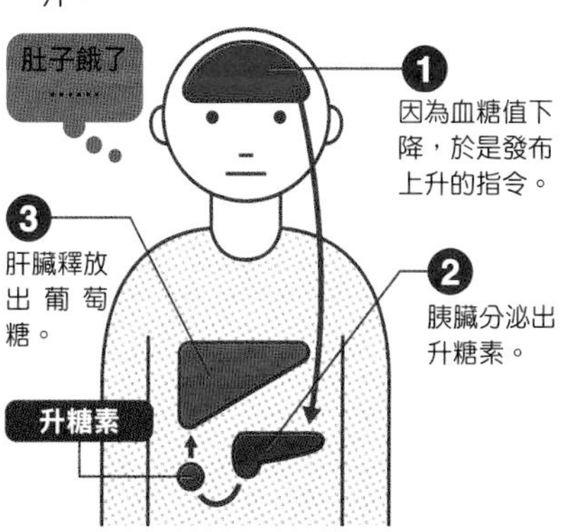

腎上腺

腎上腺皮質荷爾蒙

像是抑制發炎、代謝等，擁有許多功能。

腎上腺髓質荷爾蒙

調節礦物質、血壓的荷爾蒙。

53 [新技術] 人工授精的原理是什麼？

分為在子宮內注入精子的「**人工授精**」，
和在體外製造受精卵的「**體外受精**」！

「人工授精」是一種以人為方式進行受精的行為。這個名詞雖然很常聽到，不過其中的原理究竟是什麼呢？

人工授精可大致分為，由人親手將精子注入女性子宮內部的**「人工授精」**，以及讓卵子和精子在體外受精所形成的受精卵，回到子宮內部的**「體外受精」**。

「人工授精」是將採集到的精子送進子宮內，藉此促進受精的方法。除了以人為方式注入體內外，其餘都和自然受孕的過程相同。

「體外受精」是以人為方式幫助從體內取出的卵子和精子受精，並且讓受精卵在培養液中發育一陣子後，再送回子宮〔右圖〕。這時，取出的卵子和精子的受精方式有好幾種，像是將卵子和精子放入培養液中等待自然受精，以及一邊透過顯微鏡觀察，一邊用玻璃針將精子直接注入卵子內的「顯微受精」等等。

自從1978年，世界首位體外受精的試管嬰兒誕生開始，這些生殖輔助醫學技術便有了飛躍性的進步，並且逐漸普及化。可是隨著科學的發達，修改經由人工授精形成之受精卵的基因，以人工方式客製化出來的訂製嬰兒的倫理問題也跟著浮上檯面。

於1978年誕生

體外受精的流程

透過以下流程，以人工方式輔助受精。

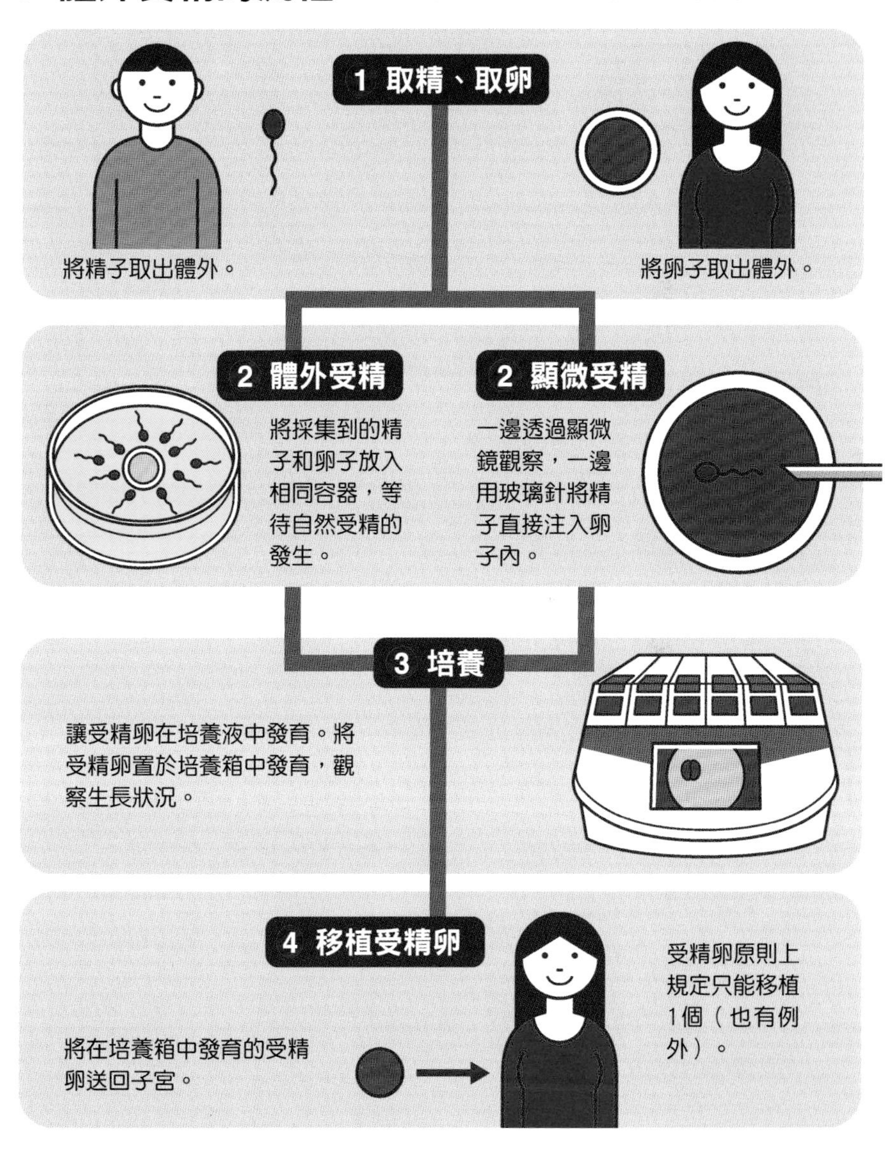

明天
就想暢聊的
人體
話題 5

人體眞的可以冷凍

目前的人體冷凍保存技術

（死後）

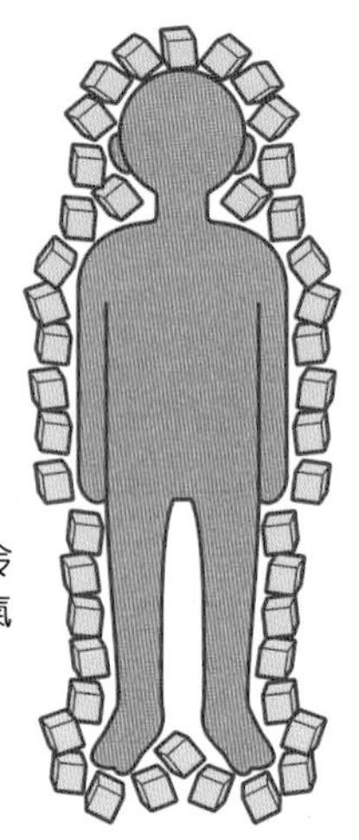

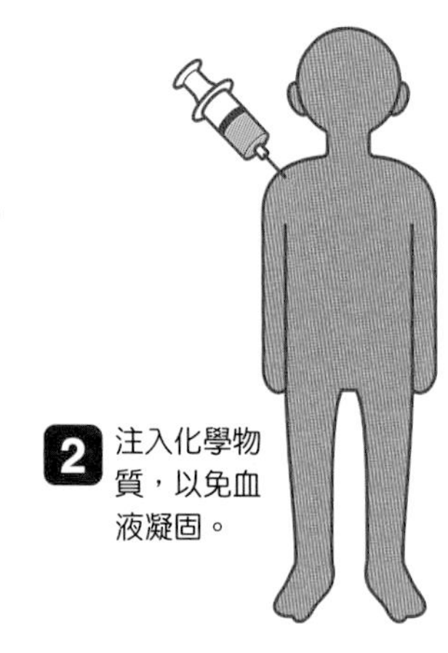

迄今為止，世界各地都有人嘗試以-196度的極低溫對人體進行冷凍保存。但很可惜的是，**憑目前的技術仍無法讓冷凍的人體解凍復活，只能冷凍保存已經死去的人體**。為了讓憑藉現今醫療技術無法治療的身體，能夠在將來醫療進步、復活技術達成時加以解凍、治療，如今人們依舊不停地在進行嘗試。

如果直接將人冷凍，體內所含的水分會結凍形成**冰的結晶，而這個結晶會破壞細胞、損壞器官**。實際在進行人體的冷凍保存時，為避免破壞細胞，是將血液替換成防凍劑來進行冷凍〔上圖〕。這是一種非常高難度的冷凍保存技術，可是，將來真的有辦法將活著的人體冰凍，再恢復成原狀嗎？

有一項非常有趣的研究，其目的是設法延長器官移植用器官的保存期限，而該研究使用了**能夠減少冰塊結晶所帶來的傷害，將器官冰凍在-4度的技術**。器官移植用的肝臟的保存期限原本是9小時，但是這項技術將時間延長至27小時，而且解凍後的肝臟據說功能一切正

保存嗎？

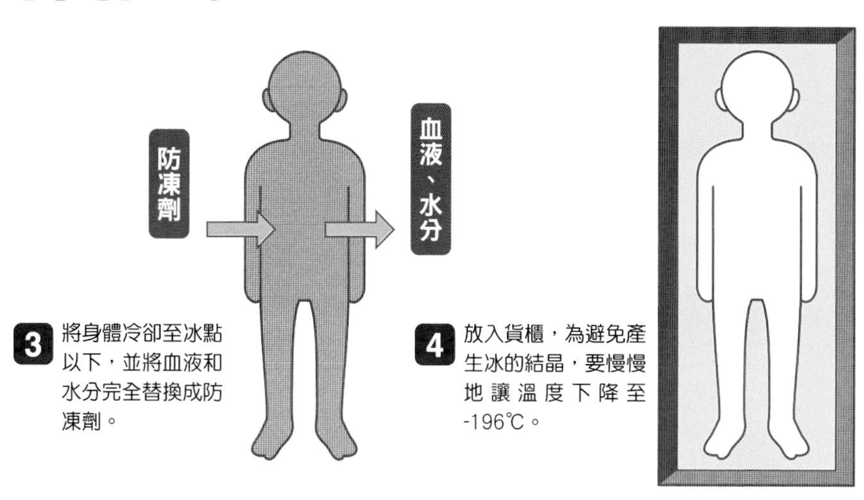

常（目前尚未將這項技術運用在器官移植上）。這項技術若繼續發展下去，未來或許就能成功冷凍保存人體也說不定。

另外，研究者從西伯利亞的凍土中發現結冰的線蟲（線狀、繩狀的生物），並且成功使其從長達2萬4000年的沉睡中甦醒。這個線蟲和水熊蟲，**能夠在名為隱生的無代謝狀態下持續生存**。

一般認為，這是生物為了能夠在乾燥地區等極地氣候下生存，所發展出來的能力。擁有相同能力的昆蟲**非洲搖蚊**，即使失去體內97%的水分依然能夠繼續生存。由於人只要脫水10%就有死亡的風險，因此無法直接加以應用。不過，這項技術如果繼續發展下去，也許哪天人類就能在抑制代謝活動的狀態下，前往好幾光年以外的星球旅行了。

醫學偉人
2

開發傳染病的預防與治療方法

北里柴三郎

(1853－1931)

北里柴三郎是致力於開發傳染病的預防與治療方法的人物。他出生於日本熊本縣，在熊本醫學校接受荷蘭的曼斯費爾德醫師指導，後來在32歲時前往德國留學，師事細菌學家柯霍。

當時，世界上有許多人都為傳染病所苦。柯霍查出傳染病的起因是微生物造成的感染，而每種傳染病背後，都分別存在著引發傳染病的細菌。並且，他還利用名為純培養的方法，鎖定了結核菌、霍亂弧菌等引發傳染病的病原菌。北里在那樣的柯霍身邊，成功純培養出破傷風菌，此外也開發出名為「血清療法」的破傷風治療方式。

北里發現，感染破傷風後獲得免疫的動物的血清，會和破傷風的毒素產生中和現象。他將血清中能夠抑制毒素的物質命名為「抗毒素」，而那個抗毒素其實就是現在所說的「抗體」。北里所創造出來的抗毒素的概念，為後人開發讓人體針對特定病原體產生抗體的疫苗帶來了啟發。

北里在39歲時回到日本，開設傳染病研究所。除了發現鼠疫桿菌、實行消毒和滅鼠等都市清潔措施、推廣公共衛生概念之外，他還培育出發現志賀氏菌的志賀潔等多位後進。

第3章

原來是這樣啊！

人的腦、神經、基因

人體充滿了不可思議的謎團。
接下來，就要針對其中最神秘的「腦」、「神經」、「基因」，
根據最新的研究成果來介紹其機制。

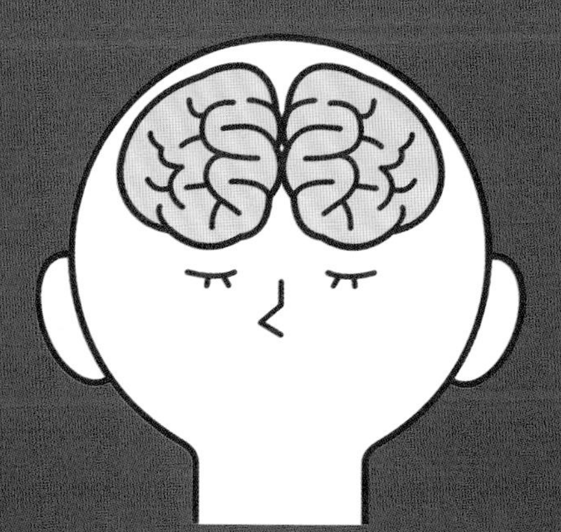

54 人的「腦部」構造是什麼？

［腦］

主要部位為大腦、小腦、腦幹。
掌管精神活動、運動、生命維持！

我們的「腦」是由什麼構成呢？腦的構造可大致分為3個部分〔右圖〕。

第1個是**大腦**。這個部分和其他動物相比格外地大且發達。表層有占腦部總重量40～50%的大腦皮質。掌管包含思考在內的高度精神活動、記憶、語言、感覺，能夠創造出所謂的**「智能活動」**。

第2個是位於後腦的**小腦**，主要**掌管運動**。大腦雖然也會發出運動的指令，不過小腦一旦受損就會變得無法好好行走。像是細微地調整肌肉的動作等等，小腦會下令讓身體能迅速流暢地進行運動。

第3個是**腦幹**，由延髓、間腦（視丘和下視丘）、中腦、腦橋所構成。像是呼吸和心臟的功能（延髓）、調節體溫和荷爾蒙、調節食慾和睡眠（間腦）、眼球運動和聽覺的中樞（中腦）、連結大腦和小腦（腦橋）等，掌管著**維持生命所不可或缺的功能**。

如以上所述，腦是人從事精神活動、運動、生存所不可少的「人體的司令部」。由於是支撐身心和生命的重要器官，因此腦的重量雖然只占了體重的2～3%，心臟卻會將約15%的血液送至腦，以供應腦充足的能量。

掌控人體的「司令部」

▶腦的構造

腦的結構可大致分為大腦、小腦、腦幹。下圖是沿著腦中央的深溝，分成左右兩邊的剖面圖。

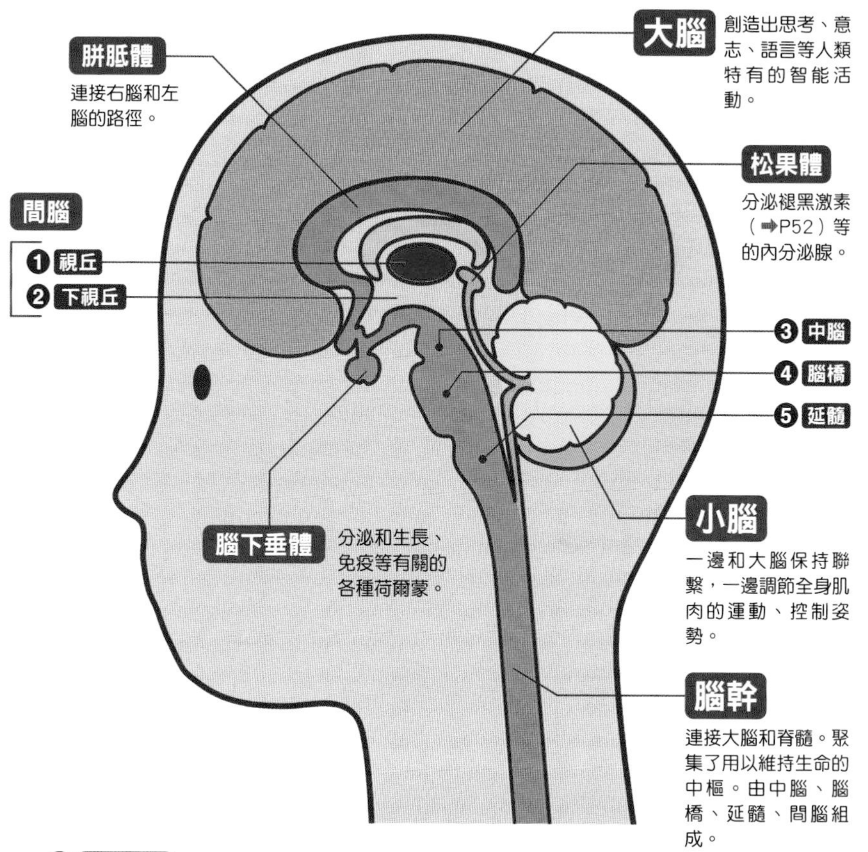

❶ **視丘** 將嗅覺以外的視覺、聽覺、體感等的資訊轉送給大腦。

❷ **下視丘** 控制自律神經、荷爾蒙分泌的綜合中樞。

❸ **中腦** 位於小腦前方，和視覺、聽覺有關。

❹ **腦橋** 從大腦通往小腦的路徑，也是連結左右小腦的橋樑。

❺ **延髓** 有與呼吸、循環等維持生命相關的中樞神經系統。

55 [腦] 右腦和左腦有差別嗎？

語言區雖然在左腦，但其實腦的活動一直都是**合作進行**！

人們常說擅長計算、語言等重視邏輯的人是左腦派，重視情感和感覺的人是右腦派，但是兩者之間究竟有什麼差別呢？

從頭頂來看，人的腦分為左右兩邊。**在自己右邊的是右腦，左邊的是左腦**。兩者之間有著名為胼胝體、由約2億條神經纖維組成的纖維束，負責連接右腦和左腦，頻繁地互相交換資訊。由於自腦延伸出來的神經束，在胼胝體下方的延髓交叉，因此腦的支配和身體是左右相反的〔右圖〕。

美國的生理學家斯佩里，對因患有腦疾而接受胼胝體切開手術的患者進行研究，發現左腦和右腦的不同位置分別擁有相異的功能。其中**因為左腦和語言功能有關，於是便有了「左腦是語言腦」**這樣的說法。

可是，以掌管人類語言功能的「語言區」來說，雖然右撇子的人幾乎都是位在左腦，左撇子的人則是有30～50%是位在左腦，但還是**有些人的右腦也有語言區**。因此，左腦和右腦的功能差異並非絕對，而是相對的。

左右腦在各自擁有不同功能的同時，也會隨時互相傳遞資訊。人的腦是靠著左右彼此統合成一個系統來發揮作用。

多數人的語言區位在左腦

右腦和左腦的功能為何？

右腦管理左半身的運動功能和感覺，左腦管理右半身的運動功能和感覺。神經在延髓交叉，稱為錐體交叉。

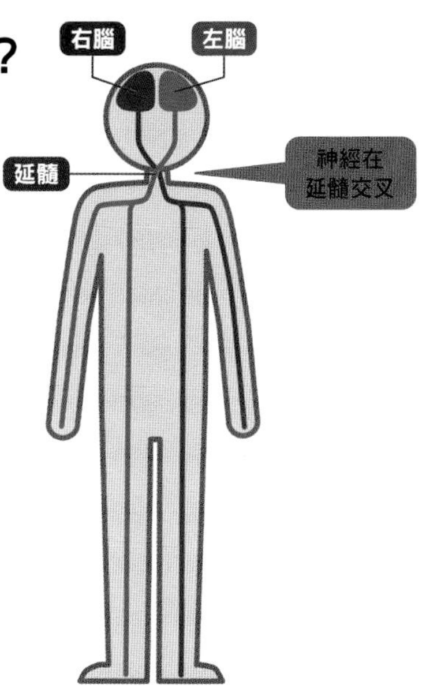

何謂語言區？

大腦皮質中掌管人類語言功能的區域。分為說話、寫字的運動語言區，以及閱讀或聆聽語言後加以理解的感覺語言區。

聽覺

整合左右兩邊的資訊之後，將訊號分成兩部分。右耳聽見的聲音主要傳送至左腦，左耳聽見的聲音主要傳送至右腦。

視覺

從右眼視野接收到的影像資訊會傳送至左腦，從左眼視野接收到的影像資訊會傳送至右腦。

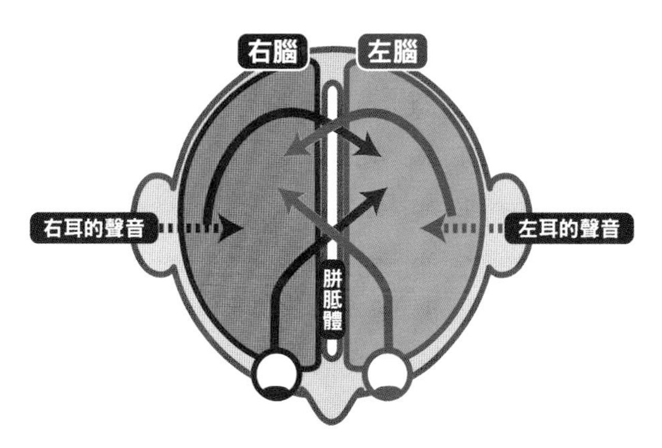

人只使用了10%的腦？

我們經常會聽到「人只有使用10%的腦」這句話。可是，人究竟為什麼會無法使用剩下90%的腦呢？反過來說，既然擁有90%未開發的潛力，就會讓人很想要解放那份能力呢。事實上，這一點也確實經常成為電影的題材。

其實，**「人只有使用10%的腦」的這個說法，從各個方面來看都是否定的**。隨著檢測系統的發達，如今已經可以確定腦的所有區域，都會因應人類的活動而活躍地運作。**人在日常生活中，每天都會使用到腦的所有部分**。也就是說，腦隨時都是處於全力運轉的狀態。

另外，腦的重量雖然只有占身體的2%，卻每天都會消耗20%的能量。假如人只有使用10%左右的腦，應該就不需要消耗那麼多能量才對。

那麼，究竟為何會出現這個「腦的10%神話」呢？有一派說法認為，這和**「神經膠質細胞」**有關。

神經膠質細胞是和神經細胞一起占了腦部絕大部分的細胞，從前人們認為相對於占比為10%的神經細胞，神經膠質細胞則是占了腦的90%。或許是因為過去不知道神經膠質細胞具備什麼樣的功用，所以才會出現這樣的神話吧。

順帶一提，這些年來人們已漸漸發覺神經膠質細胞的功用，那就是**❶固定神經細胞的位置**、**❷供應營養和氧氣給神經細胞**、**❸去除腦的老廢物質和死掉的神經細胞**〔下圖〕。人在睡眠時會從腦排出老廢物質以維持功能，而這一點被認為和神經膠質細胞有關（膠狀淋巴系統➡P28）。甚至還有研究者認為神經膠質細胞左右了腦的功能。

即使到了現在，人們仍尚未釐清關於腦的一切，依然有無限的謎團在腦中沉睡著。

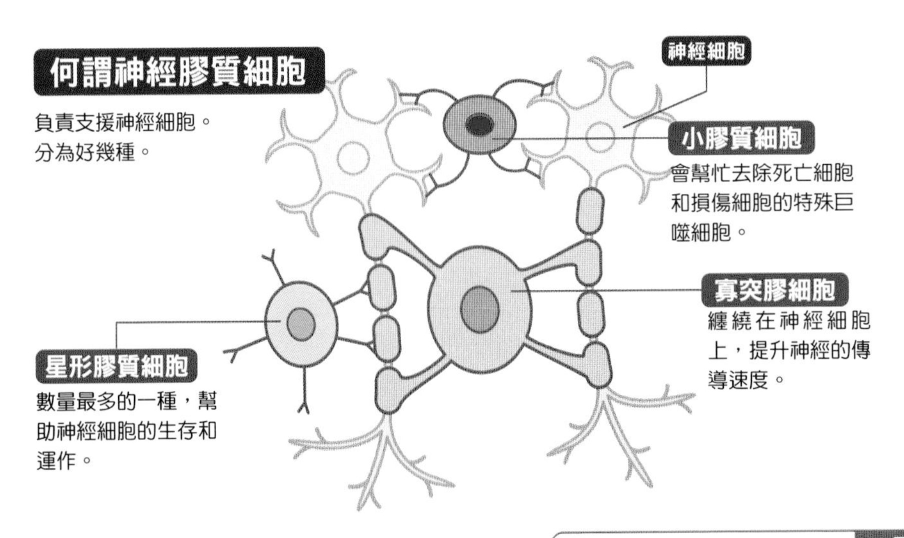

56 人可以記憶多少東西？

［記憶］

短期記憶會在短時間內消失。
也有能維持一輩子的**長期記憶**！

人究竟可以「記憶」多少東西呢？

記憶是一種記住周圍資訊（**記誦**），為了不忘記已記住的資訊而加以**維持**，然後視需要想起維持住的資訊（**回想**）的作業〔圖1〕。新的資訊首先會被納入短期記憶中，如果沒有任何作為就會在短時間內消失。若是反覆回想，或是和其他知識產生連結，便會逐漸轉變成長期記憶〔圖2〕。長期記憶一旦固定下來，就會成為能夠維持幾個月～一輩子的記憶。就好比能夠唱出小時候學過的歌曲一樣，人的腦中有著不會忘卻的記憶。

記憶並不是被保存在一個又一個的神經細胞中。**而是神經細胞彼此相連形成網絡，然後那個網絡就成為一個又一個的記憶**。幾千億個神經細胞透過無數突觸（神經細胞的相接處），以1對多的形式相連，由於腦的活動會使得神經細胞的連結產生變化，因此很難調查出記憶容量的上限。

記憶的機制雖然完善，卻還是會發生「健忘」的情形。**健忘是因為記誦、維持、回想之中的某個環節出現障礙所引起**。至於像是在某個瞬間忘記名字的「一時想不起來」則是暫時性的回想障礙，因為腦中仍保有資訊，所以過一會還是可以想起來。

神經細胞之間的網絡會成爲記憶

▶記憶的機制〔圖1〕

記憶是透過「記誦」、「維持」、「回想」的階段而成立。健忘則是這三階段中的某個環節出現障礙。

1 記住（記誦）
記住透過眼睛或耳朵接收到的資訊。

2 維持記憶
為了不忘記新記住的資訊而加以維持。

3 想起（回想）
視需要而定，想起維持住的資訊。

▶短期記憶與長期記憶〔圖2〕

記憶可大致分為短期記憶和長期記憶（➡P148）。

❶

新資訊會暫時被當成短期記憶記下來。

❷

只要回想短期記憶好幾遍，就會變成長期記憶。

❸

長期記憶會被整個腦記下來。

57 人爲何不會忘記怎麼騎腳踏車？

［記憶］

因為是以透過身體記憶的**程序記憶**記住。
程序記憶是**長期記憶**的一種！

我們從每天的生活中獲得的資訊，會被當成記憶儲存在腦中，但雖然都是記憶，其實還是有分成許多種類。

記憶可以用保存在腦中的時間，大致分為**短期記憶**和**長期記憶**〔圖1〕。像是**暫時記住電話號碼等，只要用完就會忘掉的記憶稱為「短期記憶」，被長時間保存在腦中的記憶稱為「長期記憶」**。

長期記憶又分為**語意記憶**（名字、新聞的資訊等）、**情節記憶**（和朋友之間的往來、旅行的回憶等）。這些都是「可利用言語說明的記憶」，所以又叫做**「陳述性記憶」**。

另一方面，我們只要學會騎腳踏車就永遠都會騎。這種可以說是「透過身體記住」的長期記憶，被稱為**程序記憶**〔圖2〕。透過身體記住的程序記憶因為有著「很難用言語表達」的特徵，所以又被稱為**「非陳述性記憶」**。工匠和演奏家便是透過每天反覆地學習、練習讓身體記憶，來習得技術。

程序記憶是經由反覆的練習來記住動作。以打擊棒球為例，就算不刻意想著要把球打回去，身體也會透過練習，變得能夠自然而然地做出適當的動作。因為這種記憶很難化為言語表達出來，所以是透過觀察、模仿來讓身體慢慢記住。

能夠用言語和不能用言語說明的記憶

記憶的種類〔圖1〕

分為能用言語表達的記憶，和無法用言語表達的記憶。

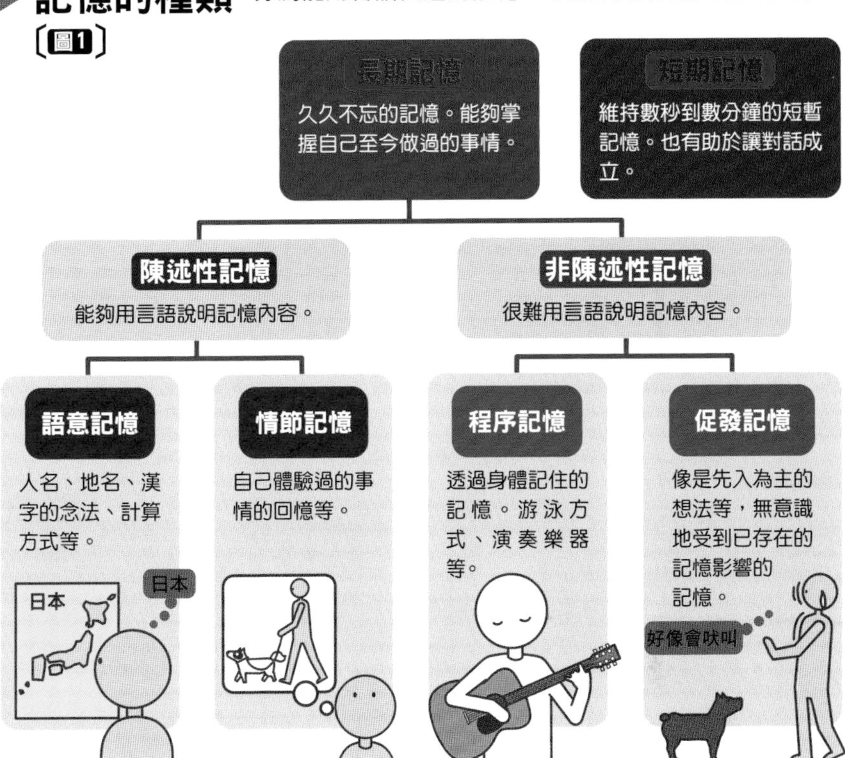

何謂程序記憶〔圖2〕

只要反覆相同的經驗，身體就會自然而然記住那個經驗的記憶。

一開始騎腳踏車會集中意識，以避免摔跤。

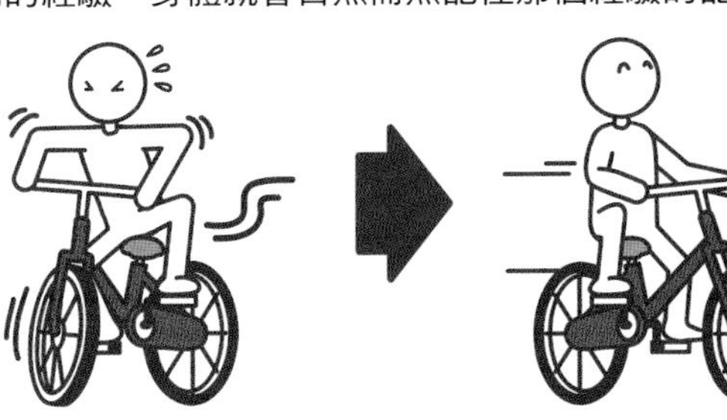

等到腦記住要如何使用身體了，就算不刻意去想也自然會騎。

58 爲何會暈車、暈3D?

[暈眩]

平衡感一旦受到不自然的刺激，
腦就會混亂令身體不適！

令人頭暈目眩的暈車、暈船……為什麼明明沒喝酒，卻會處於這種狀態呢？

人的平衡感雖然主要是由耳朵深處的三半規管、前庭（➡P94）所掌管，但其實同時也和**視覺有關**。人也會透過視覺來確認身體的旋轉、傾斜，然後由腦無意識地保持身體的平衡。

搭乘交通工具會感到暈眩的動暈症，是因為感受到的平衡感在腦部產生混亂所引起。由於無法預期的連續動作和眼前景象，使得三半規管和眼睛傳送過來的資訊產生落差，以致腦無法保持平衡而陷入混亂，於是就引發了動暈症〔圖1〕。像是過度激烈的搖晃導致三半規管失靈等等，症狀產生的原因眾說紛紜。

我們在玩3D影像的遊戲，或是欣賞虛擬影像時也會出現身體不適的情形，而這種情況稱為**暈3D**。3D遊戲是在身體靜止的狀態下，讓3D影像的視角和自己的視角重疊來進行。**由於身體沒有移動，視野卻劇烈晃動，因此身體的感覺和視覺之間的資訊落差會令腦袋陷入混亂**，而產生暈3D的症狀〔圖2〕。

觀看用手持錄影機拍攝、晃動程度嚴重的影像時會有「暈眩」感，理由也和暈3D相同。

因爲平衡感受到刺激而感到暈眩

何謂動暈症

〔圖1〕

因為平衡感受到刺激，導致對交通工具產生暈眩感。

何謂暈3D

〔圖2〕

身體的感覺和視覺令資訊產生落差，導致腦陷入混亂，身體也感到不適。

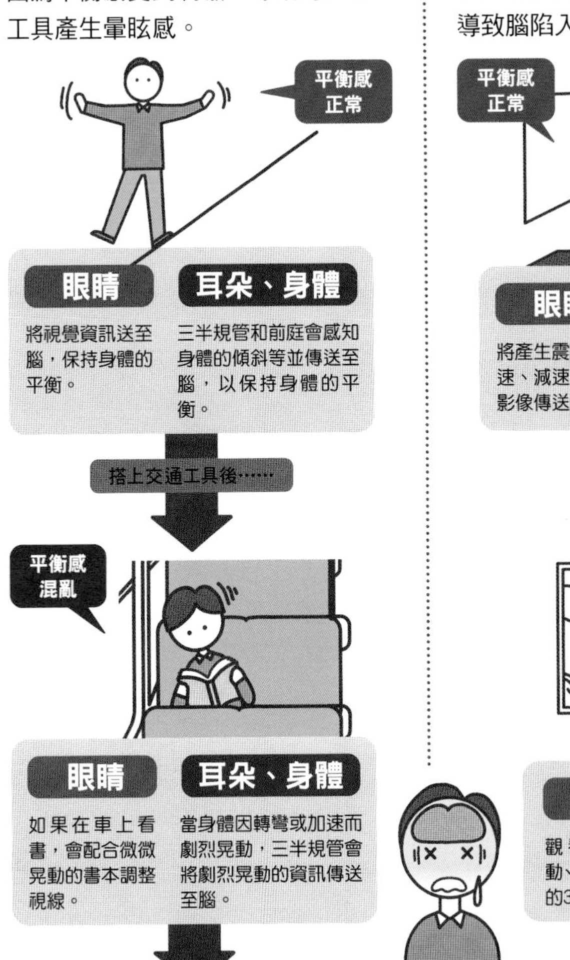

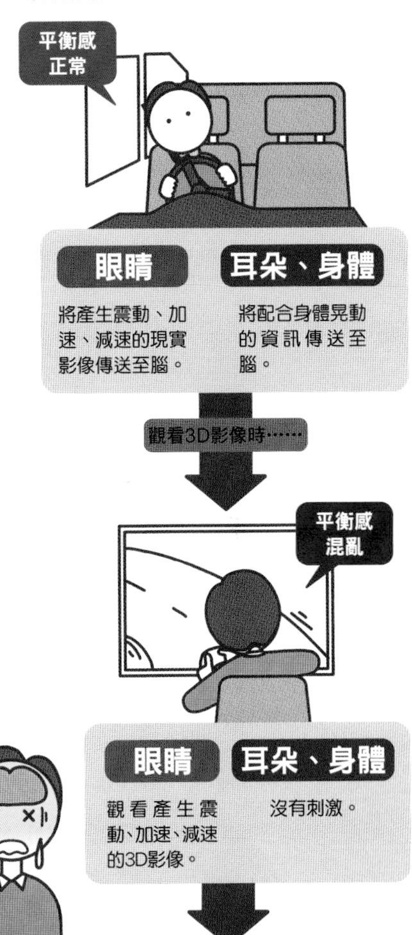

腦部混亂、自律神經失調，導致身體不適！

59 情緒和身體的反應是從何而來？

[情緒]

情緒所引起的反應有「**詹姆士-蘭格理論**」、「**坎農-巴德理論**」、「**斯辛二氏理論**」等說法！

生物的腦中，**有著會本能地對威脅生命之物感到「害怕」**的系統。面對特定的刺激，將人朝某個方向驅趕的反應也稱為「情緒」。關於情緒會促使身體做出反應這一點，有以下3個著名的理論〔右圖〕。

「詹姆士-蘭格理論」認為，腦會將身體因刺激而產生的反應，當成情緒來感受。比方說，假設某人發現蛇之後，心跳加快、冷汗直流，這時腦會因為接收到這些身體反應，於是產生恐懼心理。換句話說，該理論主張「是身體的變化引發情緒」（右圖1）。

「坎農-巴德理論」認為是腦先對刺激產生「害怕」的反應、帶動情緒（喜怒哀樂等情感）的產生，之後身體才隨之做出心跳加快等反應。換言之，該理論主張「是因為腦產生反應，於是身體才做出回應」（右圖2）。

「斯辛二氏理論」則認為情緒需要有「因應情緒產生的身體反應」，以及「為何會有那種反應的認知」這兩個因素才能決定。無論是見到可怕的蛇，還是自己喜歡的貓咪，人都會產生心跳加快的反應。這時所產生的情緒，會被附加上「因為貓咪太可愛，所以小鹿亂撞」這樣的認知（右圖3）。

情緒產生的原理並不明確

▶情緒和反應的產生原理

1 詹姆士-蘭格理論

受到外界刺激後產生生理反應，而當腦接收到那個反應後才會開始產生情緒。

2 坎農-巴德理論

外界刺激令腦興奮、產生情緒，接著生理反應才隨之產生。

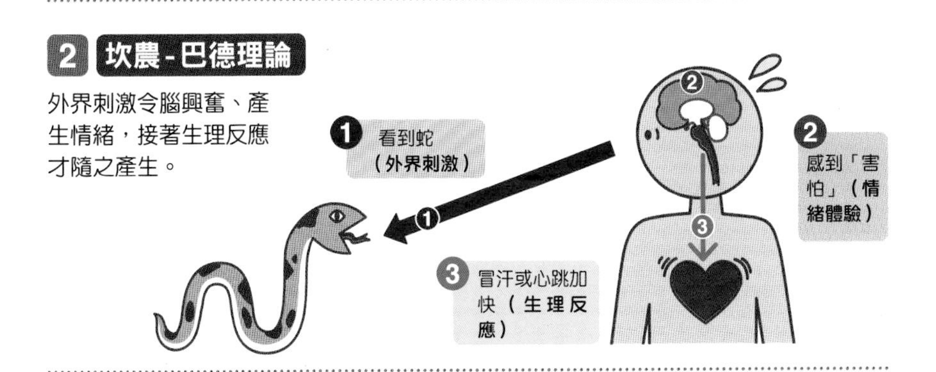

3 斯辛二氏理論

根據如何評價、認知對於刺激的生理反應來決定情緒。

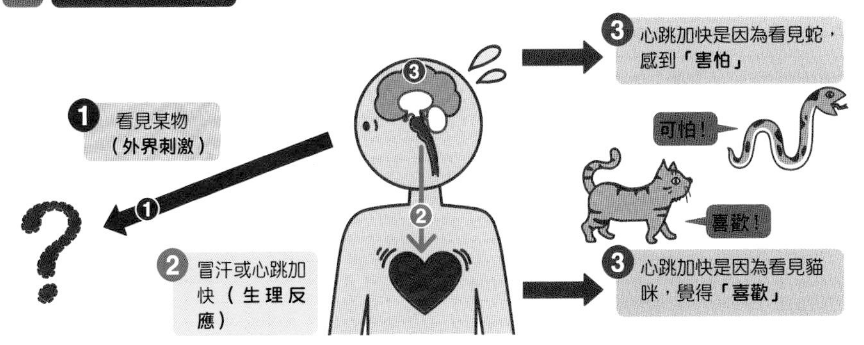

60 何謂「憂鬱」？和腦的關係爲何？

［疾病］

被認為是一種腦部疾病。
「單胺類神經傳導物質」減少為原因之一！

「憂鬱」是什麼樣的狀態呢？

沒有食慾、感到悲觀、提不起精神和幹勁……這些症狀持續發生的精神狀態稱為**「憂鬱狀態」**。然後，這些症狀若演變成很難靠自己復原的長期化病態狀態，就是所謂的**「憂鬱症」**。

憂鬱症是情緒障礙的一種，被認為是**腦部的疾病**。腦內神經細胞的相接處（突觸）會分泌出和情緒有關的**神經傳導物質（單胺類神經傳導物質）**〔圖1〕。單胺類神經傳導物質是血清素、正腎上腺素、多巴胺等的總稱。

這個單胺類神經傳導物質一旦減少，就會從腦部的功能障礙引發憂鬱狀態。憂鬱狀態和憂鬱症會使用增加神經傳導物質的藥物（抗憂鬱藥）進行治療。

引發憂鬱的原理眾說紛紜，這裡則介紹其中一種的**「神經可塑性理論」**。

這個理論認為，首先，壓力會使得神經細胞疲憊，導致神經傳導物質減少。**由於作為活力來源的傳導物質減少會對神經細胞造成傷害，以致傳導物質變得更少……結果產生出這樣的惡性循環**。這個惡性循環就是「憂鬱」，而抗憂鬱藥會保護受損的神經細胞，使其復原（可塑）〔圖2〕。

長期化且難以復原的狀態就是「憂鬱症」

何謂神經傳導物質（單胺類神經傳導物質）？〔圖1〕

在神經細胞間負責傳遞資訊的物質。有助心情開朗的傳導物質一旦減少，情緒就會變得沮喪。

使心情開朗的主要傳導物質

多巴胺

和快樂有關，能激發人的幹勁。

正腎上腺素

激發幹勁，提升專注力，產生上進心和積極態度。

血清素

穩定精神。調整多巴胺和正腎上腺素的平衡。

神經傳導物質和憂鬱有關？〔圖2〕

產生憂鬱狀態的原理眾說紛紜。這裡解說壓力使得細胞弱化、引發憂鬱症的「神經可塑性理論」。

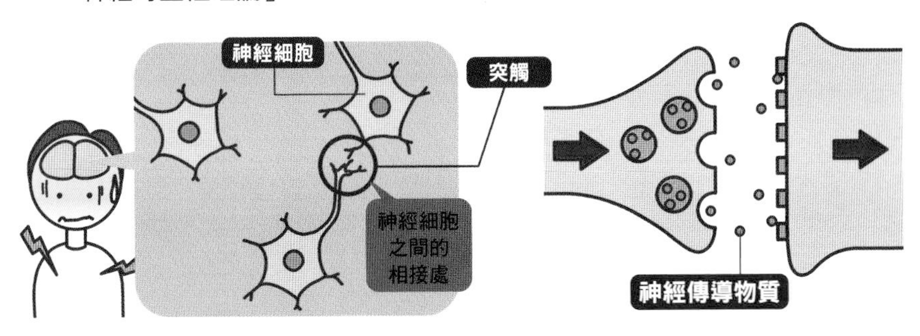

1 神經細胞弱化後，自神經細胞中產生的神經傳導物質數量會減少。

2 由於神經傳導物質減少，神經細胞又變得更加衰弱。

1 ↔ 2 之間產生惡性循環，以致引發「憂鬱」！

61 [神經] 何謂「神經」？有什麼樣的功用？

在腦的控制下，**從各器官收集資訊**、下達指令、**加以統合**！

人體是由約40兆個細胞組成。由細胞聚集形成的器官無法各自運作，必須要有一個網絡幫忙從各器官收集資訊傳送至腦，再由腦向身體發布適當的命令，讓身體成為一個協調的個體，而負責這項任務的就是神經〔圖1〕。**形成神經的是約1000億個名為神經細胞（神經元）的特殊細胞**。

神經分為**中樞神經**和**末梢神經**〔圖2〕。中樞神經是由腦和脊髓組成，根據從各器官接收到的資訊做出適當判斷，然後對各器官下達指令。

末梢神經則是負責傳達的神經。將來自各器官的資訊傳送至中樞神經，再將中樞神經發布的指令傳達給各器官。除了分為體神經和自律神經外，也可大致分為4種。

在體神經中，**運動神經**是掌管有意識的運動（隨意運動），**感覺神經**是將從身體各處取得的感覺資訊傳送給腦。至於**自律神經**則是無法憑人的意識控制的獨立系統。自律神經會自動調節心臟的跳動、呼吸器官和消化器官的活動等。自律神經分為**交感神經**和**副交感神經**，由這兩者平衡地進行運作。

腦與全身的神經相連

腦和末梢神經的關係〔圖1〕

末梢神經受到刺激後，會將資訊傳達給中樞神經。接著腦會依據資訊，對各器官下達指令。

1	2	3	4	5
感覺器官	末梢神經（向心神經）	中樞神經（腦、脊髓）	末梢神經（離心神經）	效應器
對眼睛、皮膚的刺激	傳達刺激資訊	分析、統合、處理資訊	傳達指令	肌肉等的運動

神經的種類〔圖2〕

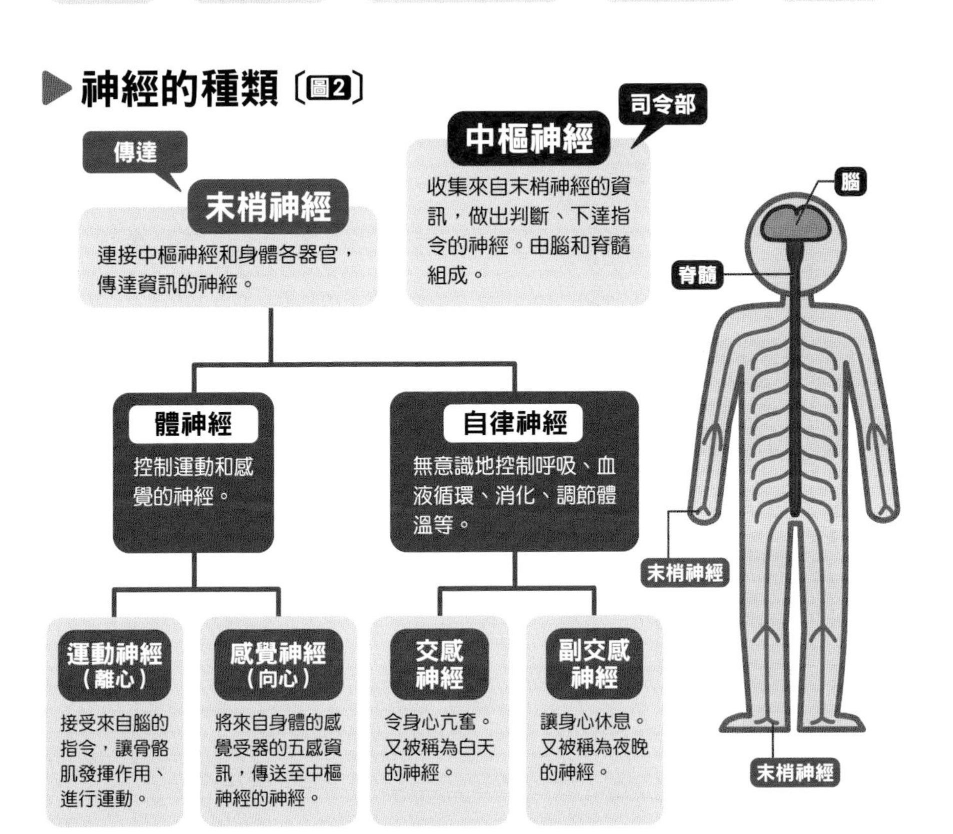

62 爲何手指的活動能力會有差異？

［手指］

因為**手指肌腱有相連**的部分。
腦的指令系統也無法明確分離！

你有辦法按照自己的意思，隨意活動每根手指嗎？比方說只彎曲小指時，有的人會連無名指也一起彎曲對吧？

之所以會有這種狀況，原因之一是**連接肌肉和骨骼的肌腱，有和隔壁手指的肌腱相連的部分（腱間連結）**〔圖1〕。所以如果沒有常常活動讓它習慣，就會很難獨立活動。

這是從我們靈長類過去在樹上生活時，為了抓住樹枝所演化出來的能力，也就是讓大拇指和其他手指相對活動的**「可相對拇指」**而來。圖1的腱間連結是從該能力遺留下來的構造，只不過到了現在反而對手指的運動造成了限制。

還有另一個原因是和**腦部構造**有關。**活動無名指的指令系統和活動小指的指令系統，兩者沒有明確地區分開來**。比起「只動小指」、「只動無名指」的指令，「同時活動大拇指以外的四指」的指令能夠更快地被執行。假如只打算動無名指，就會變成也需要「小指不彎曲」、「中指也不彎曲」的指令，而顯得複雜許多※〔圖2〕。

不過，手指是可以經由訓練，變得能夠靈活地分開活動的。因為練習鋼琴、吉他等樂器，就需要進行讓左右手的每一根手指都能靈巧活動的訓練。

※有很多種說法。

四根手指透過腱間連結產生連動

▶手指肌腱彼此相連〔圖1〕

由於大拇指以外的四指的肌腱（連接肌肉和骨骼的組織）相連，因此很難讓每根手指獨立活動。

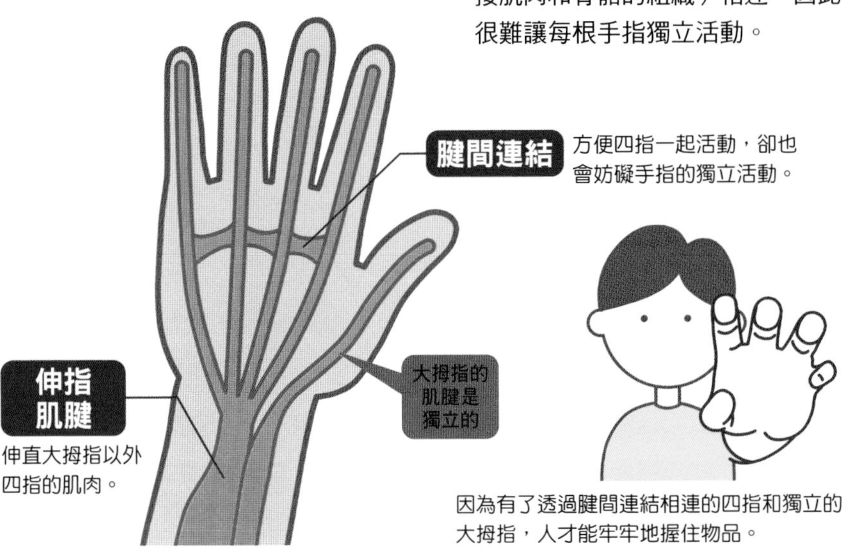

因為有了透過腱間連結相連的四指和獨立的大拇指，人才能牢牢地握住物品。

▶手指的指令系統也是原因〔圖2〕

腦的指令系統只會讓一根手指活動。只要像樂器演奏家一樣勤於練習，就能令「腦產生變化」，變得能夠讓手指各自獨立活動。

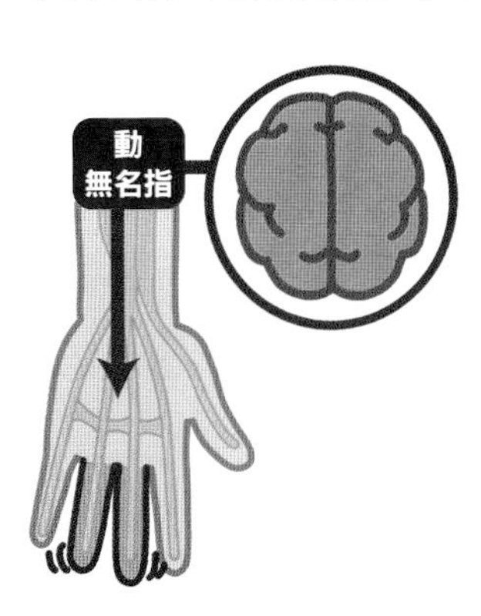

一般來說，就算只打算動無名指，中指也會同時動起來。

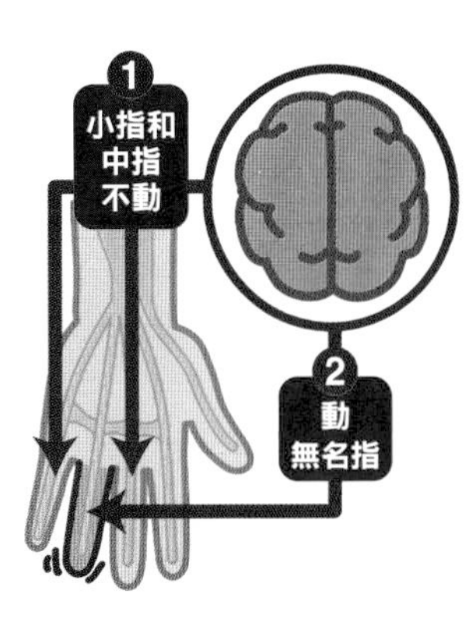

需要「小指和中指不動」、「動無名指」的複雜命令。

63 「反射神經」是什麼樣的東西？

[神經]

不經由大腦，由脊髓迅速對感覺訊號做出反應的機制！

人們經常若無其事地把「反射」、「反射神經」這樣的詞掛在嘴上，可是那究竟是什麼樣的機制呢？**「反射」指的是對外界刺激擅自迅速做出反應，俗稱「反射神經」**。就好比人碰到燙的東西時，會不自覺做出把手縮回來的反應一樣，反射是一種**不經由大腦，而是經由位於脊髓和延髓的特殊路徑，無意識地對身體接受到的刺激迅速產生確切反應的機制**。

比方說，手摸到燙的東西時，皮膚所發出的訊號首先會經由感覺神經，到達脊髓。那個訊號**會直接傳到脊髓的運動神經而非腦**，然後肌肉收縮，做出縮手的動作。皮膚發出的訊號雖然也會傳送至大腦，可是在傳送到腦之前運動反應就已經結束了〔圖1〕。

「異物跑進眼睛使人流淚」、「食物進入口中後產生唾液」這些反應，也都不是我們刻意使其發生的對吧？而這些也都是**未經大腦的反射行為**。

假使讓引起反射的刺激，和無關反射的刺激（條件刺激）同時反覆發生，就會變成光是受到條件刺激便會產生反射。這種情況稱為**「條件反射」**。像是看見梅乾就會產生唾液、看見紅燈就會停下腳步之類的現象，都是一種條件反射〔圖2〕。

反射若反覆發生，就會變成條件反射

何謂反射？〔圖1〕

像是碰到燙的東西時，會不自覺把手縮回來等等，反射是人沒有經過腦，無意識地對身體接收到的刺激做出的反應。

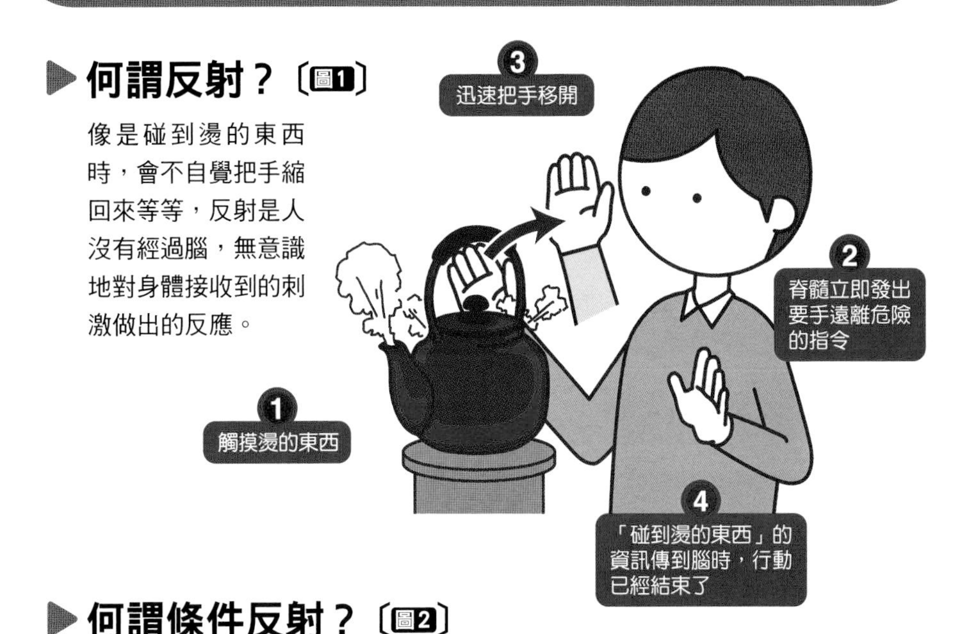

何謂條件反射？〔圖2〕

假如反覆同時給予某個會引起反射的刺激和其他無關的刺激，那麼光是受到其他刺激就會產生和初次反射相同的反射。

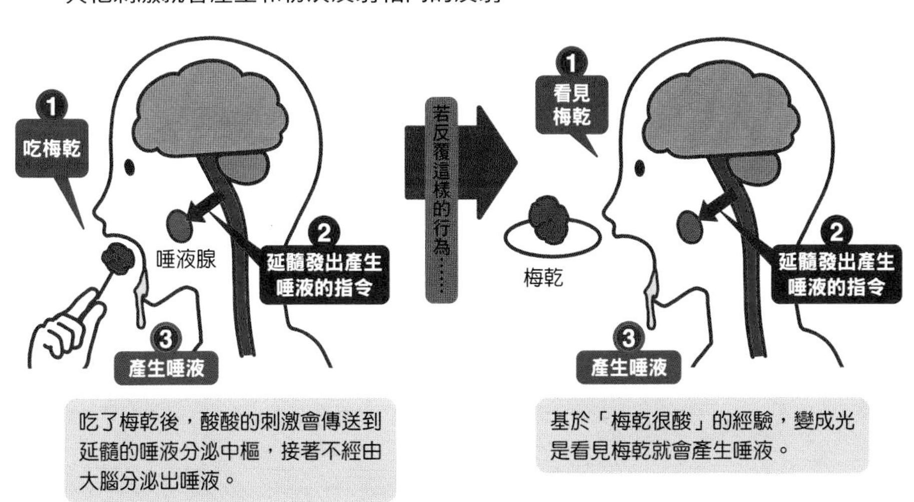

吃了梅乾後，酸酸的刺激會傳送到延髓的唾液分泌中樞，接著不經由大腦分泌出唾液。

基於「梅乾很酸」的經驗，變成光是看見梅乾就會產生唾液。

64 人爲何能夠無意識地吸入空氣？

［神經］

呼吸器官在**自律神經**的作用下**無意識**地運作！

呼吸、消化、血液循環、分泌荷爾蒙等是和**人類意志無關，會自動產生的身體機制**。而掌管這些的，是廣泛分布於腦和脊髓之間的自律神經（➡P156）。

呼吸是由自律神經發揮作用，發出活動呼吸肌肉的指令。肺部會因此膨脹、收縮，自動自發地吸氣吐氣〔圖1〕。

自律神經是由交感神經和副交感神經組成，由這兩者平衡地進行運作〔圖2〕。

交感神經從交感神經幹延伸而出，副交感神經的中樞則是位於腦部。當從事運動需要比平常更多的氧氣時，交感神經會變得活躍，使得心臟跳動次數增加、呼吸加快。這時，副交感神經也會同時發揮抑制的作用，避免心跳數增加過多和呼吸過快。

有了這兩種神經隨時平衡地進行運作，我們的身體狀態才能維持穩定。因應外界環境和體內變化，讓身體保持在穩定的健康狀態下稱為**「體內平衡」**（➡P132）。自律神經一旦失調便無法保持體內平衡，導致身體有不適症狀產生。

由自律神經無意識地維持生命

呼吸中樞的運作〔圖1〕

因為位於延髓的呼吸中樞對呼吸肌肉發出指令，人才能無意識地24小時維持穩定的呼吸。

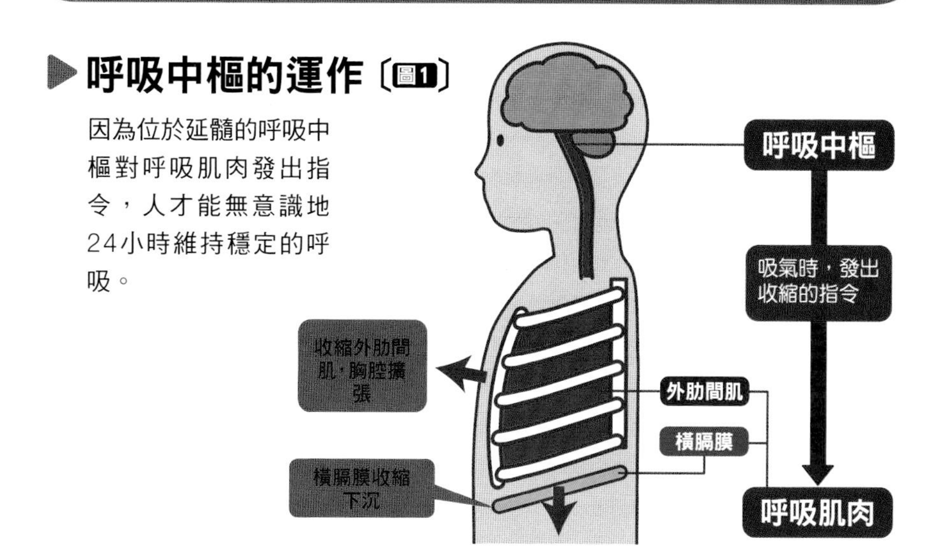

何謂自律神經〔圖2〕

和人的意志無關，會24小時自動管理器官的系統。自律神經由在白天和活動時運作的「交感神經」，以及在夜晚和放鬆時運作的「副交感神經」所組成。

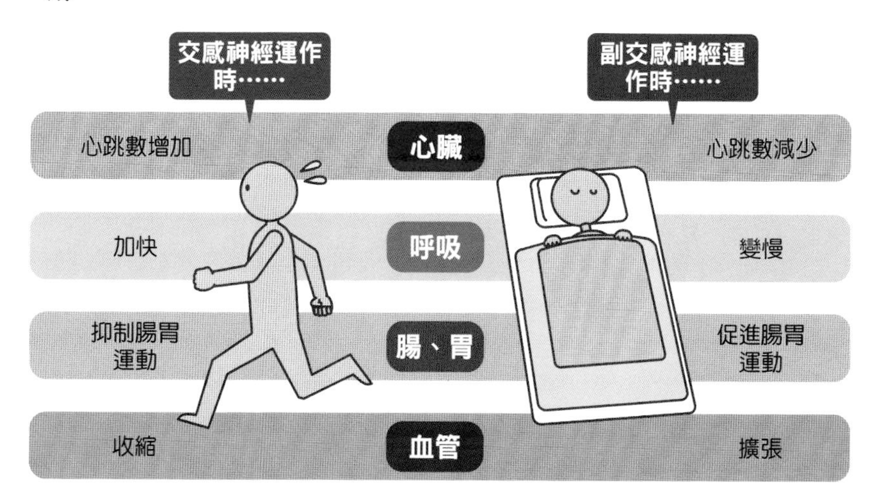

65 心臟為何會怦怦跳？

［心臟］

心臟怦怦跳=**心跳正受到自律神經的調整**，
會因運動和緊張而增加！

戀愛時、受驚嚇時、運動時……心臟會怦怦怦地大聲跳動對吧？這是出於什麼樣的原理呢？

心臟反覆收縮、擴張的行為稱為「心跳」。心臟每分鐘會跳動60～80次，將血液送往全身。在手腳的動脈處所感應到的跳動稱為脈搏。

心跳數大致上是固定的，但是當運動時，因為要送出更多的血液給肌肉，於是心跳數會變多，血液量也隨之增加。**心跳數是由自律神經進行調節**（➡P162）。人只要興奮或緊張，交感神經就會發揮作用，使得心跳數增加。相反的，安靜時副交感神經會發揮作用，讓心跳數減少。

舉例來說，當遇到一見鍾情的人而感到興奮時，交感神經會起作用，讓心跳數增加。這也就是心臟會怦怦跳的原因。等到和對方交談一陣子、情緒平靜下來後，就會換成副交感神經起作用，讓心跳緩和下來。順帶一提，只有交感神經或只有副交感神經是不行的，必須要平衡地接受刺激才能維持健康。

另外，**血液量會隨心跳數產生變化**。安靜時，心臟每分鐘會送出5公升的血液，步行時是每分鐘7公升，運動時則會增加心跳數，以送出每分鐘14公升的量。

「怦通!」是瓣膜關閉的聲音

何謂心跳？〔圖1〕

透過心臟肌肉的收縮，將血液送往全身。

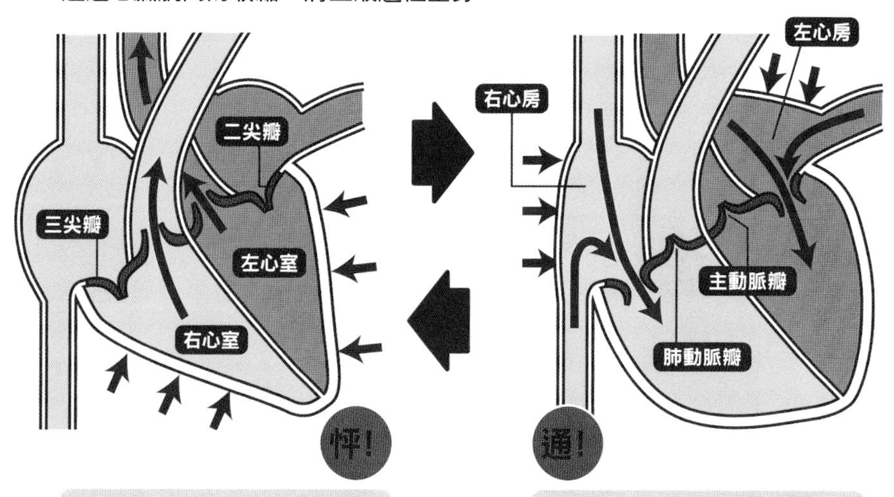

心室收縮，血液被送往全身和肺部。二尖瓣和三尖瓣關閉時，會發出「怦通！」中「怦！」的聲音。

心房收縮，血液從全身和肺部流進心臟。主動脈瓣和肺動脈瓣關閉時，會發出「怦通！」中「通！」的聲音。

興奮時心會怦怦跳的原因〔圖2〕

由於心臟的跳動是由自律神經負責調整，因此興奮時交感神經會發揮作用，心跳數也就跟著增加。

興奮時交感神經會變得活躍！

- 瞳孔 …… 放大
- 心跳 …… 加速
- 血壓 …… 上升
- 呼吸 …… 淺而快
- 發汗 …… 增加

66 何謂基因？① 遺傳密碼的機制

［基因］

基因是細胞的「**設計圖**」。
從受精卵繼承**父母的基因**！

父母的特徵顯現在孩子和子孫身上稱為**「遺傳」**，而在親子間被繼承的資訊稱為**「遺傳密碼」**。遺傳密碼被當成基因，寫在細胞核中名為**去氧核糖核酸（DNA）**的絲狀物質中。DNA會聚集起來形成**染色體**〔圖1〕。

人是從一個受精卵開始發育的。各自存在於生殖細胞（精子和卵子）中的染色體會互相結合、形成受精卵，孩子於是從父母身上各繼承一半的基因〔圖2〕。

一個受精卵在誕生之前會分裂成約3兆個，在長大成人之前會分裂成約40兆個細胞，而所有細胞裡面都有和一開始的受精卵相同的基因。**由於孩子會依據父母的遺傳密碼來製造自己的各種細胞，因此才會顯現出和父母相似的特徵。**

基因是用來製造細胞的設計圖。身體是由各式各樣形狀、功能相異的細胞所組成的。根據基因記載的資訊變化成各種細胞，打造出完整的身體。

明明每個細胞裡都有相同的資訊，卻能因應場所變成適當細胞的這個機制稱為**「分化」**。像是細胞的分化等等，研究基因的使用方式後天產生變化的領域稱為**「表觀遺傳學」**，對於生物的進化十分重要（➡P168）。

人體是由一個細胞分裂形成

▶ DNA的機制〔圖1〕

人體的細胞核中有染色體，染色體裡蘊藏著遺傳密碼。

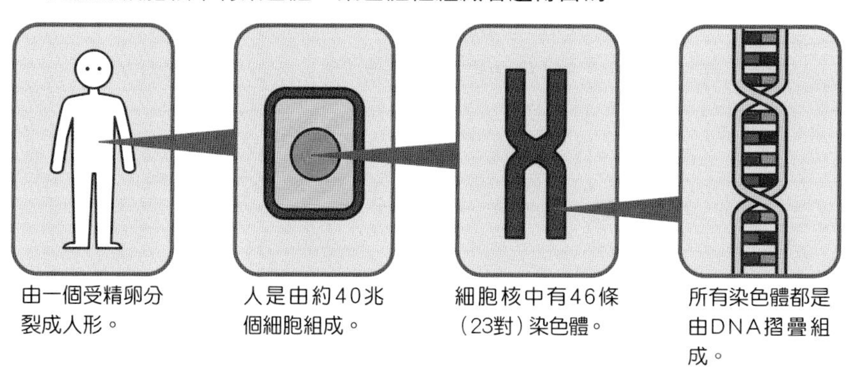

▶ 遺傳的機制〔圖2〕

孩子會從父母身上各繼承一半的基因。

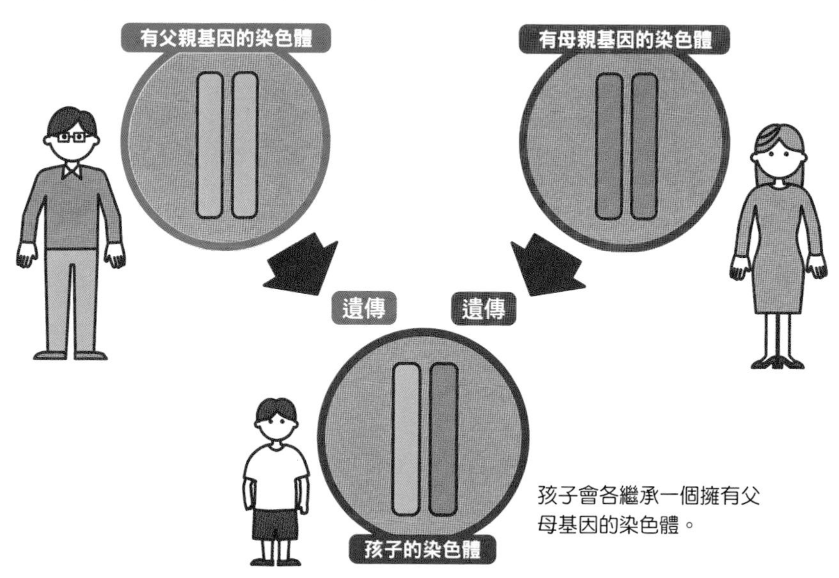

67 ［基因］ 何謂基因？② DNA的功用

DNA會解開雙重螺旋的構造，
複製自己和合成蛋白質！

DNA存在於人的細胞核內。究竟它是長成什麼模樣，又有何種功用呢？

DNA是由**兩條鎖鏈扭轉而成的「雙重螺旋構造」**，而這兩條鎖鏈是由名為**「鹼基」**的物質連結成梯子般的形狀。**這個鹼基的排列就是遺傳密碼，上面刻劃了形成人體所需要的資料**。人是由一個細胞不斷分裂而成，而分裂時最重要的就是**正確地複製DNA**。細胞在分裂之前，會先在細胞核中複製DNA，增加為兩倍。在細胞分裂前解開螺旋，複製出相同的DNA，等到分裂完成後就將DNA分別收納進新細胞中〔圖1〕。

一個細胞竟然會逐漸分裂變成心臟、皮膚等不同的器官（分化），真的是很不可思議呢。明明每個細胞都有著相同的遺傳密碼，卻能分化成不同的細胞，是因為各細胞都會標記上「要使用的基因」和「不使用的基因」。這個機制稱為**表觀遺傳**。

合成構成人體的**蛋白質**時，會使用到DNA的遺傳密碼。將寫在DNA裡的遺傳密碼轉錄成名為**信使核糖核酸（mRNA）**的物質，然後根據這個信使核糖核酸的資訊合成蛋白質〔圖2〕。

在基因上標記，分化成不同的細胞

▶複製DNA〔圖1〕

細胞分裂時，DNA的鎖鏈會增加為兩倍，生出和原本的DNA一模一樣的兩個DNA。

❶ 在細胞開始分裂之前，雙重螺旋的鎖鏈會解開。

原本的DNA

新的DNA

解開

❸ 生出2個新的雙重螺旋DNA。

鹼基

鹼基有4種。分別由腺嘌呤、胸腺嘧啶、胞嘧啶、鳥嘌呤連結而成。

❷ 鹼基會依序附著在解開的鹼基上，進行填補。

新的DNA

何謂表觀遺傳

各細胞在基因加上容易解開的標記，改變基因的功用，讓受精卵分化成身體所需的約200種細胞。

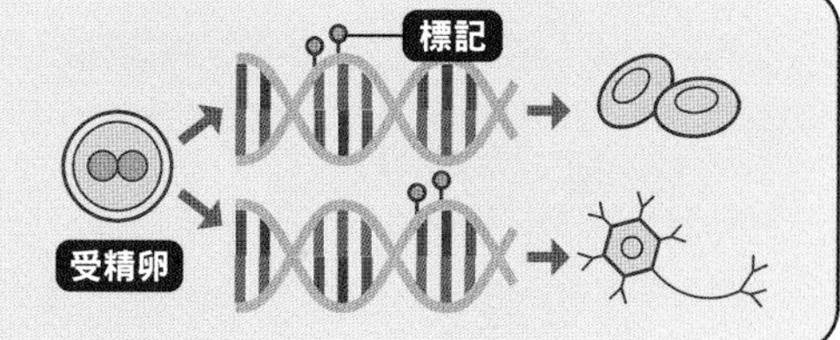

▶以DNA合成蛋白質〔圖2〕

由胺基酸連結形成的蛋白質，是依據寫在DNA中的「設計圖」在細胞內被製造出來。

❶ DNA解開，將鹼基序列轉錄成RNA。

❷ 只會成為蛋白質資料的信使核糖核酸（mRNA）完成。

❸ 將mRNA的鹼基序列「轉譯」成胺基酸的序列。一如設計圖所示的蛋白質完成。

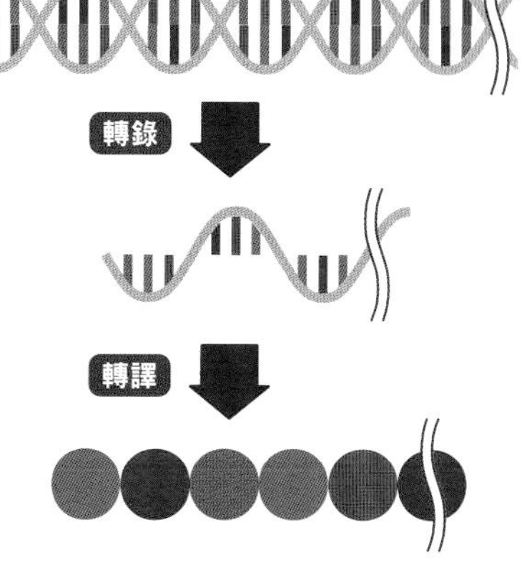

Q 可以利用基因調查到多遠以前的祖先？

昭和時代為止（1926年～） OR 平安時代為止（794年～） OR 繩文時代為止（西元前14000年～） OR 人類共同的祖先

我們是由父母所生，父母是由祖父母所生，祖父母則是由……人可以像這樣回溯家系去尋找自己的根源。那麼如果調查基因，人最遠可以回溯到哪個時代去調查自己的根源呢？

父母的特徵顯現在孩子和子孫身上稱為「遺傳」，遺傳密碼（又稱為基因組）則是被刻劃在DNA中。**人的DNA存在於染色體和粒線體中，只要能夠從人體細胞中採取出這兩者，就能探查自己的血緣和根源。**

孩子雖然會各繼承一半父母的DNA，不過Y染色體（決定性別的性染色體）幾乎會毫無變化地從父親傳承到兒子身上。**只要調查這個Y染色體，就能追查父親那一邊的祖先（父輩祖先）**。

同樣的，粒線體DNA則是由母親傳承給孩子。只要**調查這個粒線體DNA，就能追溯母親那一邊的祖先（母輩祖先）**。

透過這些DNA檢測，可以追蹤自己的出身和家系。像是找出義大利藝術家李奧納多・達文西的子孫等等，DNA檢測也被利用來尋找血緣。

DNA不只是活人，也能從遠古時代的人骨上採取到。在分析、比較過從古代人的人骨上採取到的DNA之後，目前已知日本人的祖先是原本就住在日本的繩文人，和來自大陸的渡來人的混血〔下圖〕。不僅如此，從粒線體DNA的分析結果，可以知道人類的共同祖先是13～17萬年前的非洲女性。另外，根據最新的研究，目前也已描繪出從人類祖先開始的「粒線體系統圖」。換句話說，最遠可以調查到「人類共同的祖先」。

透過基因（基因組）追溯的日本人的根源

68 男女的差異是在哪裡決定？

［基因］

由X和Y的**性染色體**決定男女。
XX是女性，XY是男性！

精子和卵子受精後懷孕，然後生出寶寶，可是寶寶的性別是怎麼決定的呢？

男女的差異是由細胞核內的染色體來決定。人的染色體為體染色體22對、44條，再加上1對性染色體，總計是23對、46條。而**男女的性別，是由其中的性染色體來決定**〔圖1〕。

性染色體中大的稱為**X染色體**，小的是**Y染色體**。女性有44條＋XX，男性有44條＋XY的染色體。女性和男性的體內在形成生殖細胞也就是卵子和精子時，會進行**減數分裂**（細胞的染色體數變成一半）。染色體數會從1對分裂為2、變成一半，於是卵子會是22條＋X，精子則是22條＋X或22條＋Y這兩種。

卵子和精子受精後，男女雙方的染色體會合體，形成染色體為44條＋XX或44條＋XY的寶寶。**擁有XX染色體的寶寶是女生，擁有XY染色體的寶寶是男生**〔圖2〕。

出生的寶寶因為擁有父母兩人各一半的染色體，所以繼承了父親和母親雙方的遺傳密碼。

分爲體染色體和性染色體

人的染色體〔圖1〕

人的染色體中有22對是體染色體，剩下的1對是性染色體。女性的性染色體兩個都是X，男性的性染色體則是X和Y。

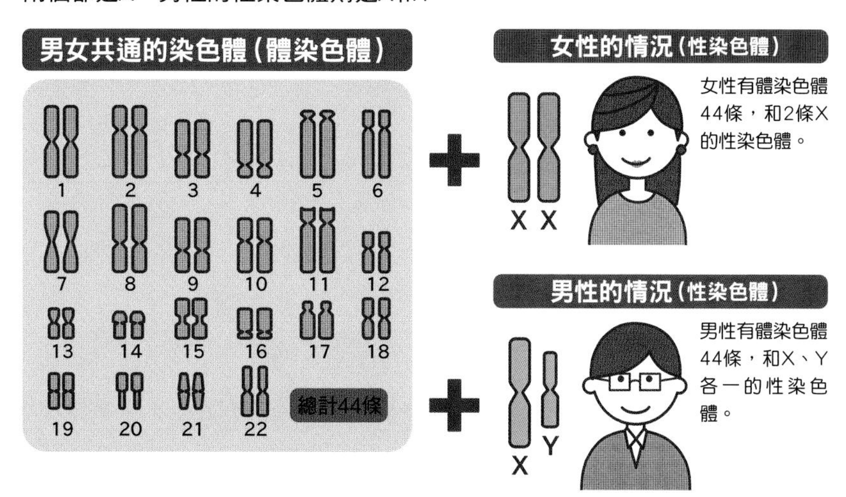

染色體決定了男女性別〔圖2〕

由於來自父親和母親的精子和卵子結合，雙方的染色體（遺傳密碼）於是被繼承下來，並且決定男女的性別。

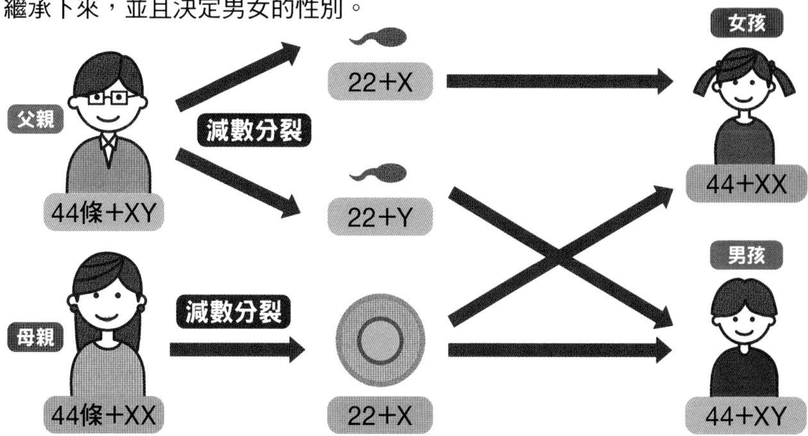

69 ［基因］ 基因也有分種類？優性基因和劣性基因

基因之中，**會顯現的稱為優性基因，不會顯現的稱為劣性基因**！

孩子會從父親和母親身上各繼承一半的基因。比方說，父親的耳垢是濕的，母親的耳垢是乾的，那麼這個特徵並不會同時顯現在孩子身上。一項特徵（性狀）中，有不會同時顯現的兩個特徵稱為**「等位性狀」**，與等位性狀相對應的基因稱為**「等位基因」**。

父母的耳垢性狀也會被孩子所繼承〔右圖〕。耳垢是濕式還是乾式，**哪種特徵會被遺傳下來是由1對等位基因來決定**。特徵會顯現的稱為**「優性（顯性）基因」**，相反的，不會顯現的稱為**「劣性（隱性）基因」**。

這是由奧地利生物學家孟德爾所發現的**「優性定律」**。優性、劣性並非代表基因的優劣，單純只是將特徵會顯現的一方稱為優性。

事實上，目前一般認為優性定律能夠套用在人身上的例子非常少。因為只憑一個基因的優劣並無法決定特徵，人的特徵應該是由多個基因和生活環境來決定。

在優性定律中，並未說明長久決定基因優劣的因子為何，不過目前已經確定由**優性基因製造出來的分子會阻礙劣性基因的活動**，而這方面的研究仍在持續當中。

優性定律不適合套用在人身上

何謂優性定律？

繼承自父母的特徵不會同時顯現在同一部位。會顯現出哪一方的特徵是由1對等位基因來決定，只有優性基因的特徵會顯現在外觀上，稱為「優性定律」。

耳垢的遺傳是由濕式和乾式的1對等位基因來決定，**濕式是優性基因，乾式是劣性基因。**

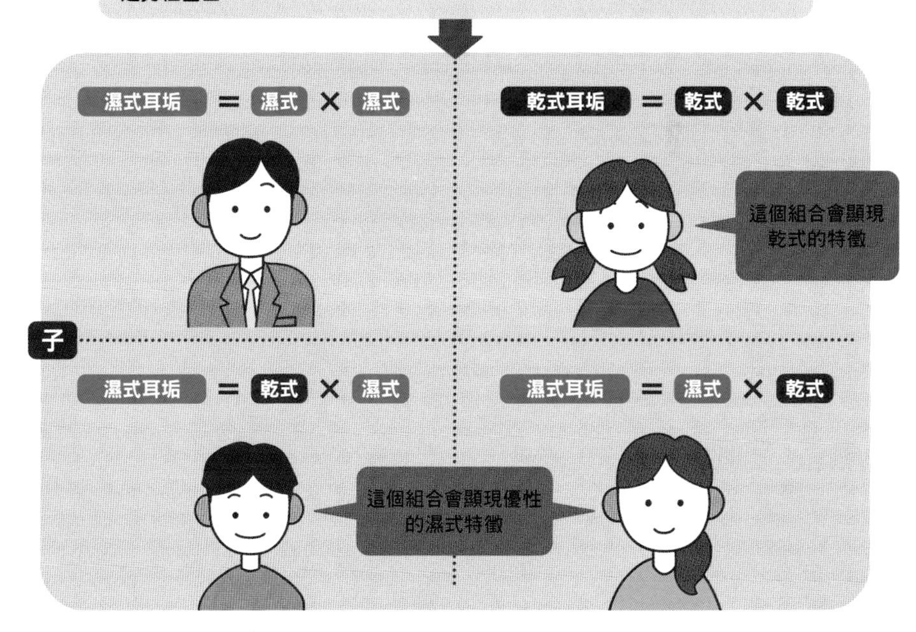

70 易胖體質會遺傳嗎？

［基因］

與肥胖有關的基因的差異，
會令基礎代謝低下並帶來**肥胖的風險**！

父母的肥胖也跟身高、體質等一樣會遺傳給孩子嗎？

肥胖度主要是受到繼承自父母的遺傳因素，以及每日的飲食、運動等環境因素的影響。雖然有各種說法，**不過肥胖的主因中，遺傳的影響據說占25%，環境的影響則是占75%**。孩子的肥胖大部分是受環境影響，是因為飲食、運動等行動模式都和父母一樣，家族性肥胖的例子才會增多。

另一方面，也有幾個和身體的基礎代謝、食慾多寡等有關的基因，被視為是**肥胖相關基因**〔右圖〕。

肥胖相關基因是什麼樣的基因呢？比方說，β3腎上腺素受體會製造出與代謝有關的受體蛋白。假使這個基因哪裡出現變異，受體的性質就會改變，使得基礎代謝比沒有變異的人來得低，三酸甘油酯的分解能力也受到抑制。

基礎代謝一旦低下，就會變成難以消耗熱量的身體，肥胖的風險也會跟著提高。目前研究者們仍在透過調查基因的變異，持續研究分析人的易胖體質。維持代謝良好的身體，對於健康而言是非常重要的一環。

肥胖相關基因的變異會帶來肥胖的風險

主要的肥胖相關基因

基因之中，和基礎代謝、調整食慾等有關的基因。又被稱為「肥胖基因」、「節約基因」。

β3腎上腺素受體（β3AR）基因

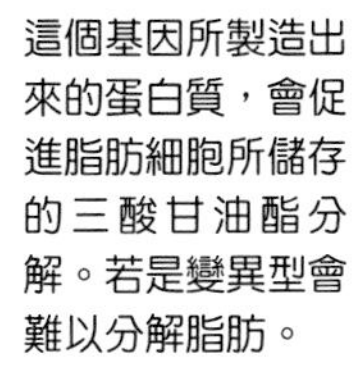

這個基因所製造出來的蛋白質，會促進脂肪細胞所儲存的三酸甘油酯分解。若是變異型會難以分解脂肪。

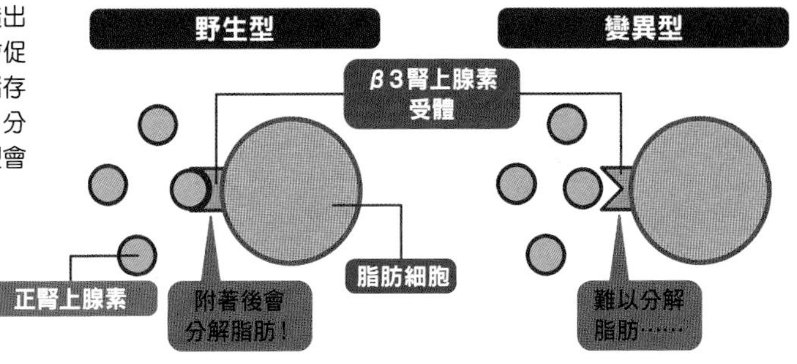

UCP1基因

在脂肪細胞的粒線體內，生成燃燒脂肪所需之蛋白質的基因。若是變異型則會變得難以分解脂肪。

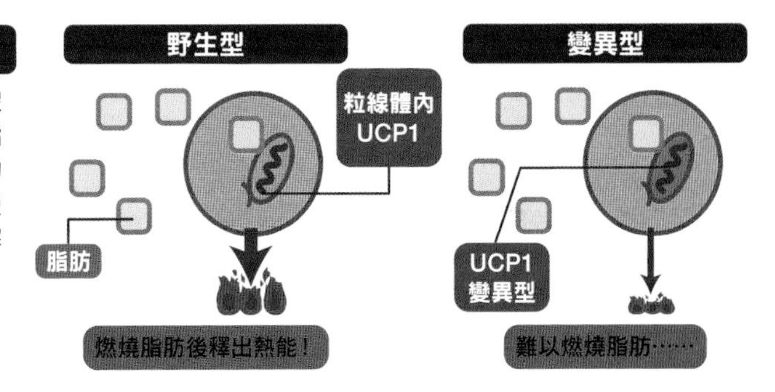

日本人容易發胖？

美國原住民皮馬族在改為美式的飲食方式後不久，曾經有段時期有高達7成以上的人口都處於肥胖狀態，而根據研究報告表示，他們2人之中就有1人的β3腎上腺素受體基因產生變異。據說日本有約3成人口，都擁有這個變異基因。

71 如何利用基因調查親子關係？

［基因］

由於每個人的DNA都不同，因此可透過**分析、比較親子的DNA型別**進行調查！

電視劇中常會出現檢驗頭髮來鑑定是否為親子的情節，可是實際上究竟是如何調查的呢？

是否為親子關係，可以透過**DNA鑑定**來調查。每個人的DNA都不相同，而且一輩子都不會改變。如果是親子，那麼**孩子的DNA會有一半是從父親，另一半是從母親身上繼承而來**（➡P166）。

換言之，因為孩子的DNA會和父母一半的DNA一致，所以能夠透過分析DNA調查一致與否。那麼，接著就來了解一下DNA鑑定的程序吧〔**右圖**〕。

首先，要採取口腔黏膜等來提取DNA。只不過，由於抽取出來的DNA的量不夠用來進行鑑定，因此會利用名為**PCR（聚合酶連鎖反應）**法的技術，將DNA的特定片段增加為數萬～數十萬倍。之後，再利用電泳法等技術判定DNA型別。

比較以這種方式分析出來的親子的DNA型別，進行親子鑑定。**在這種檢驗方式的準確度之下，出現相同DNA型別的機率為4兆7000億分之1**。由於全世界人口約為78億，因此可以鎖定個人。

DNA鑑定的流程

1 採取DNA

採取口腔黏膜等，從中提取DNA。

2 增加DNA

使用PCR裝置，增加DNA的特定片段。

何謂PCR裝置？

複製極少量的DNA後大量增加的裝置。也被用來增加病毒的DNA以診斷傳染病。

3 分析DNA

利用電泳法等技術，分析DNA的型別。

何謂電泳法？

在水溶液中，將帶電物質依照大小加以分離的方法。因為DNA帶電，所以能夠依照大小將DNA分離。

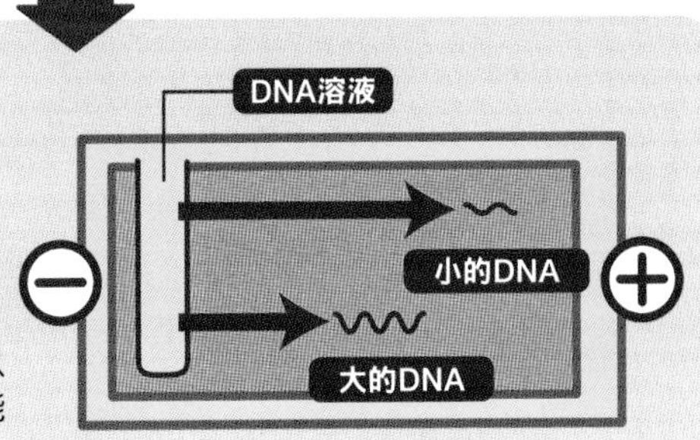

4 比較DNA

比較分析出來的親子的DNA型別。

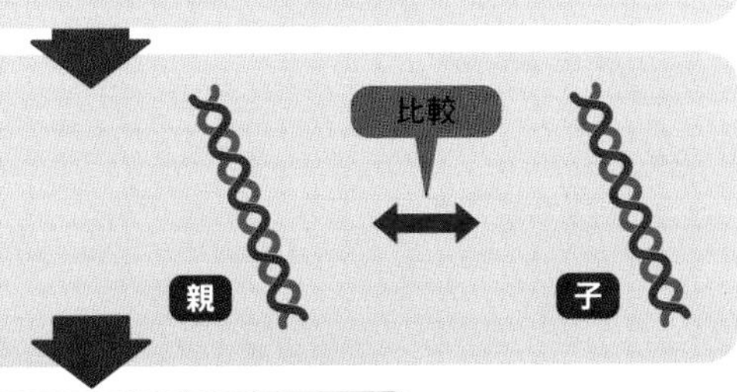

如果一致就能確定是親子！

72 為何會有晨型人、夜型人之分?

［睡眠］

決定晨型、夜型的**主因是年齡和環境**。
「**時鐘基因**」也是一個因素!

早起的晨型人，到了晚上精神就很好的夜型人。究竟為什麼會出現這樣的差異呢?

人體具備了會創造出**體內節律（晝夜節律）的生理時鐘**。除了睡眠和清醒時間外，荷爾蒙分泌、體溫調節等生理活動，也都有著**約以24小時為週期**的節律。

每個人的節律不盡相同。一個人的睡眠時間的傾向稱為**「時型」**，其中最有名的是：早上腦袋清醒的**「晨型」**、擅長熬夜的**「夜型」**，以及**「不屬於任何一方」**這三種類型〔圖1〕。睡眠時間的傾向，會隨年齡、習慣、天生的腦部性質等各種因素產生變化。比方說，生理時鐘的偏差可以透過光線重新設定。用餐時間、學校和工作的行程，也都是改變睡眠時間傾向的因素。

腦部天生因為基因所造就的性質，也是因素之一。生理時鐘在**「時鐘基因」**的作用下，保持約24小時為週期的節律〔圖2〕。有研究指出，正是這個時鐘基因的數量和變異決定了是晨型抑或夜型。

對我們人類來說，掌握住自己與生俱來的生理時鐘的遺傳特徵，設法讓生活過得有效率十分重要。

時鐘基因會創造生理時鐘的週期

何謂時型？〔圖1〕

人雖然是日行性動物，但是腦袋清醒的時間每個人不盡相同，而那個時間傾向就稱為時型。

晨型　◀ 不屬於任何一方 ▶　夜型

●喜歡早睡早起。
●早晨的活動力最佳，注意力也高。

●喜歡晚睡晚起。
●傍晚的活動力最佳，注意力也高。

生理時鐘和時鐘基因〔圖2〕

生理時鐘在時鐘基因的作用下，創造出約以24小時為週期的節律。也有研究指出，人是由擁有的時鐘基因數量來決定時型。

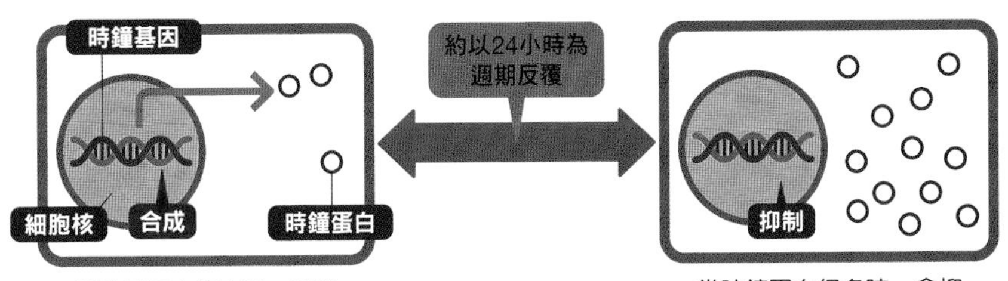

當時鐘蛋白很少時，時鐘基因會合成時鐘蛋白。

當時鐘蛋白很多時，會抑制時鐘蛋白的合成。

目前已確認時鐘基因約有350個，而且研究發現，最多的人會比最少的人早睡25分鐘！

73 人爲何會「老化」？

［老化］

老化是因為「**端粒**」，**細胞老化**為原因之一！

「年齡增長」、「年老」是生命永遠的謎團。每個人都會經歷出生、成長，然後老化死去的過程。老化的原理至今尚未釐清，不過有幾項機制可以幫助我們了解老化。

其中一個是**細胞的壽命**。細胞有一定的壽命，沒辦法無止盡地進行細胞分裂。細胞分裂時，蘊藏了遺傳密碼的集合體也就是DNA的「染色體」會被複製。

染色體的兩端有名為**「端粒」**的部分，**端粒會隨著每次分裂變得愈來愈短**。然後，當端粒短到某個程度之後就會無法再複製，也無法分裂。分裂的次數為50～70次，而這就是細胞的壽命〔圖1〕。**細胞的壽命被認為和人的壽命有關**，即便醫學再進步，最多恐怕也不會活超過150歲。

另外，活性氧生產過剩的**「氧化壓力」**，也被視為是讓老化提前發生的原因〔圖2〕。

「老化生物學」等領域正在針對老化進行研究，因為人們發現了一種不會老化的生物：裸鼴鼠。像是細胞和個體在老化過程中產生的細微變化，以及延緩老化的**「控制老化」**，這幾方面的研究如今成為眾人關注的焦點。

老化的原理尚未釐清

何謂端粒？〔圖1〕

染色體之中，名為端粒的部分會隨著分裂愈來愈短，不久就會發出停止分裂的指令。

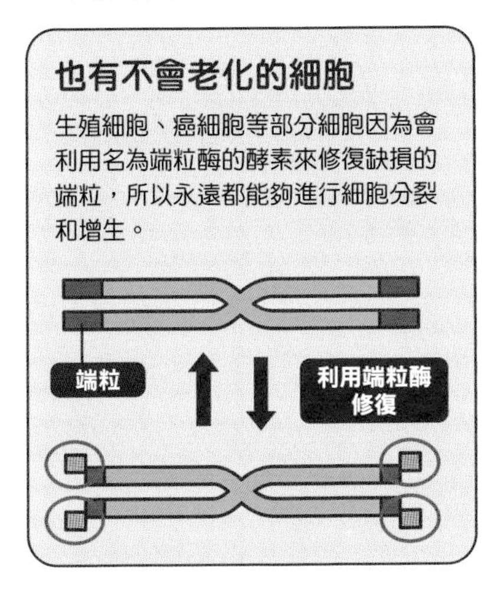

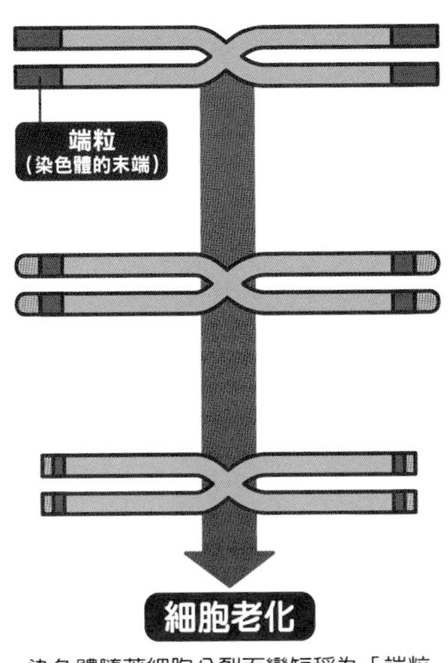

染色體隨著細胞分裂而變短稱為「端粒縮短」，體細胞不久後就會細胞老化（停止細胞分裂）。

何謂氧化壓力〔圖2〕

活性氧是會為身體工作的免疫和傳達物質，可是一旦生產過剩，就會成為傷害細胞、導致老化的原因。

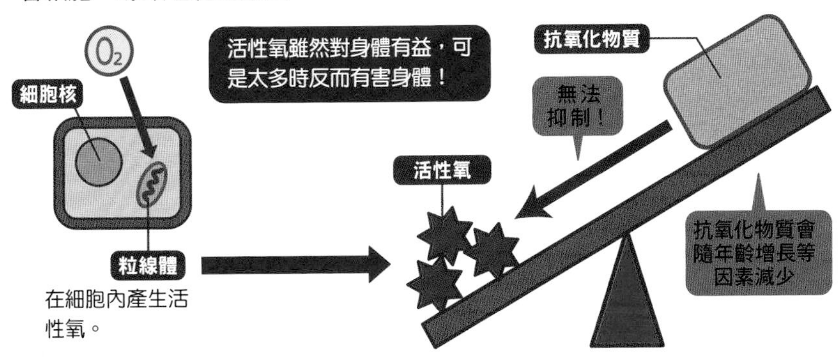

在細胞內產生活性氧。

74 「癌」是什麼樣的東西？

[疾病]

失去正常功能、反覆增生的癌細胞就是「癌」的真面目！

「癌」這種疾病究竟是什麼？以下就讓我們來了解**癌細胞的形成機制**吧。

人體是由各種部位所構成，而每個部位又是由功能固定的細胞所組成。細胞有一定的壽命，如果需要功能相同的新細胞，那麼只要增生並替換之後就會停止增生。這樣的機制之所以能夠持續，是因為**細胞和細胞中的基因維持著正常運作**。只要基因正常並且有在進行細胞分裂，細胞就會存在一定的壽命。

假使這個機制因為某個原因而遭到破壞，那麼**失去原有形狀和壽命的細胞就會無止盡地反覆分裂、增生**〔右圖〕，而這就是所謂的**「癌」**。癌細胞會搶奪正常細胞的容身之處，不斷地破壞周遭、向外擴散（**浸潤癌**）。

細胞原本有著會互相黏著的機制，可是一旦罹癌，這個機制就會遭到破壞，細胞會變得容易分散開來。分散的癌細胞會進入到血管或淋巴管中四處移動，在其他器官內雜亂無章地增生（**轉移癌**）。

關於癌能夠逃離免疫無限增生、轉移的機制，目前仍在持續研究當中。

癌細胞會無止盡地增生

▶癌細胞的機制

失去原有形狀和壽命的細胞會反覆增生，破壞正常的細胞。

1 一旦暴露在會促進癌化的物質之下，細胞的基因就會受損，導致正常細胞變得不正常。

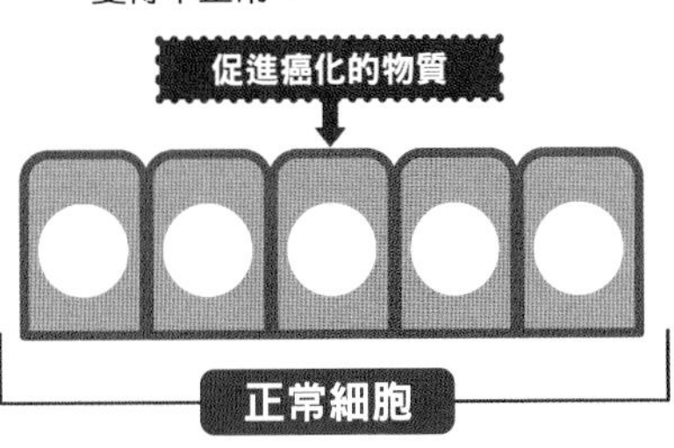

2 正常細胞的基因受損後，會產生出異常的細胞（癌細胞）。

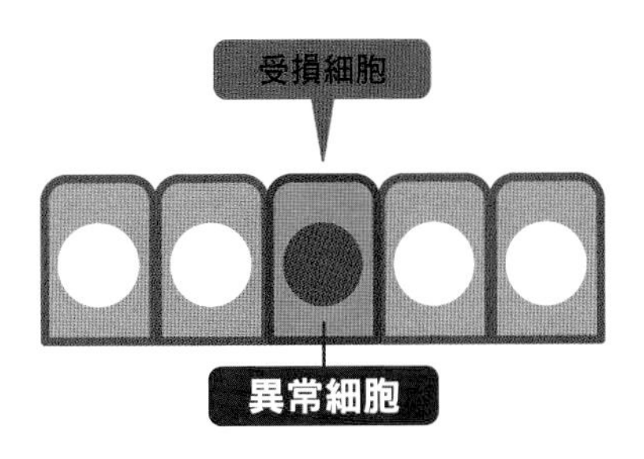

3 癌細胞增生，破壞周圍細胞後結成塊狀（浸潤）。

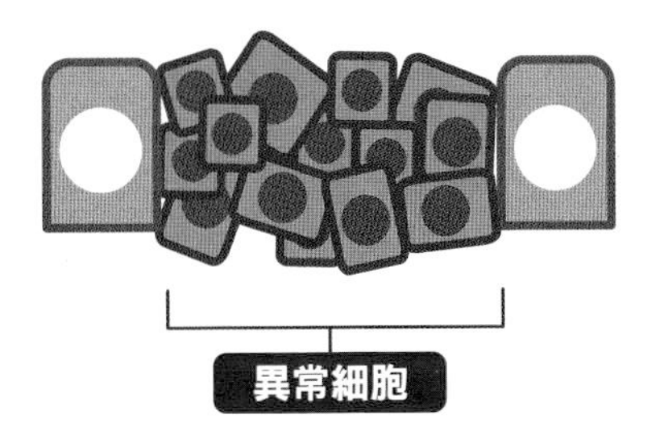

4 假使部分癌細胞分離，進入血管或淋巴管中，癌就會擴散至全身（轉移）。

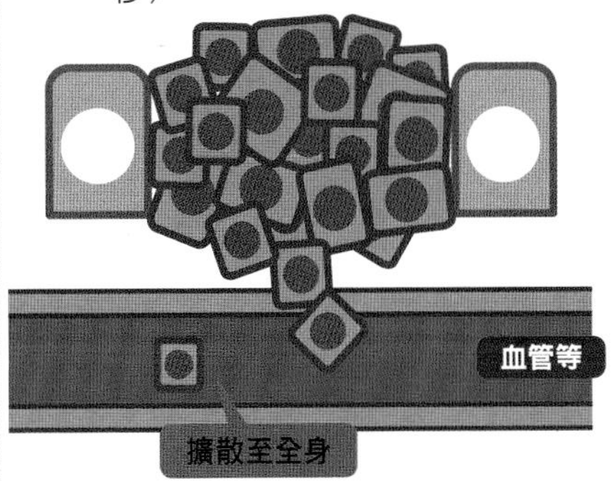

什麼是會促進癌化的物質？

引發癌症的原因是抽菸、喝酒、肥胖等生活習慣的問題。另外還有感染致癌性病毒、化學物質、紫外線等。

Q 能夠利用基因治療，改造成不會生病的身體嗎？

可以	or	不行

生病真的是很討厭的一件事。除了平常注意健康，小心不讓自己生病外，像是改良自己的基因，打造出「不會生病的身體」……這種事情是有可能辦到的嗎？

在所有DNA之中，作為「基因」發揮作用的部分為2%，其餘的98%雖然目前還在分析當中，不過一般認為其中確實存在著所謂**「保護身體不生病的DNA」**。

例如只要去除**「CCR5基因」**，就能阻止感染HIV病毒。不過，真的只要像這樣改變或去除基因，人就能變成不會生病的超人嗎？

「基因編輯」是將這一點化為可能的技術之一。這是一種利用基因的「剪刀」剪下DNA，將標的DNA去除或加以替換的工具。這項技術可望用來治療數千種以上的單基因遺傳疾病〔下圖〕。

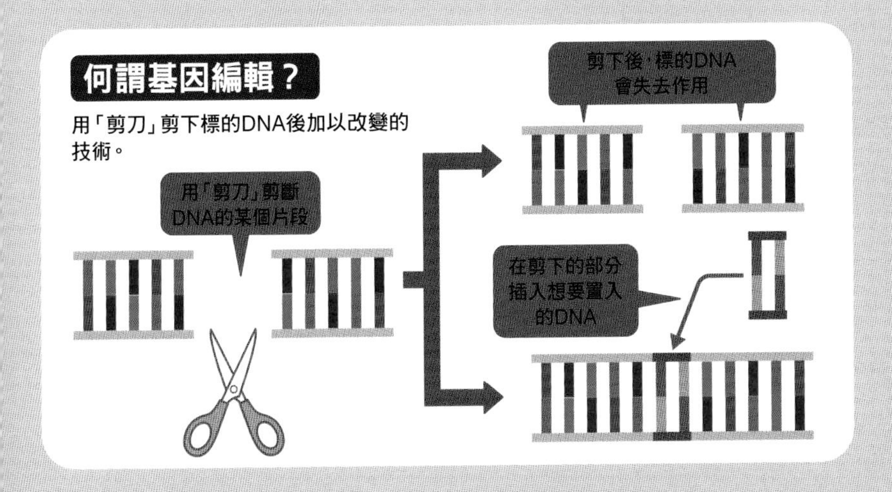

「基因治療」本身已經被實際運用在醫療上。比方說，假設患者的基因的鹼基序列有異常，無法製造出某種蛋白質，那麼就會利用病毒載體將埋入正常基因的細胞，投入到患者體內。

因此，這題的答案是「可以」。

只不過，疾病多半和多個基因有關，因此還需要針對基因編輯的應用進行更多的研究。況且，編輯時若是不小心弄錯標的DNA，還會引發**「脫靶效應」**的問題。除此之外，是否應該創造出訂製人這一點所引發的倫理議題，也還需要更進一步的討論。

75 「死亡」是什麼樣的狀態？

［死亡］

有細胞層面的死亡和個體層面的死亡。還有個體死亡之前的「腦死」。

人終將一死。「死亡」究竟是怎麼一回事呢？以下會分成**細胞層面的死亡**，以及**個體層面的死亡**來解說。

細胞死亡有兩種，一種是因為受了某種傷或氧氣不足等，細胞於是死亡的**壞死**，另一種是細胞逐漸自主死去的**凋亡**〔圖1〕。為什麼細胞會自己死去呢？一是為了讓作為總體的人生存下去，再來，細胞死亡還有在胎兒成長的過程中，讓尾巴、蹼等不需要的細胞組織消失的功用。

其次，像是感染病原菌的細胞會死亡以防止傳染等，**細胞死亡也有著保護生命**的功能。人體內隨時都有老舊細胞死去，新的細胞誕生。**細胞凋亡有助於身體維持正常的細胞組成**。

接著是關於人的個體死亡。比方在醫院裡，醫生在確認一個人是否死亡時，是根據❶**自主呼吸停止**、❷**心跳停止**、❸**瞳孔對光反射消失**的「死亡三徵候」來進行死亡的判定〔圖2〕。

另外，日本**在法律上也將腦死視為人的死亡**。所謂腦死，是包括腦幹在內的整個腦部喪失功能的狀態。

倘若已處於腦死狀態，那麼過不了多久便會死亡。判定腦死是非常沉重且重大的一件事，因此法規上設立了極為嚴格的判定標準。

細胞死亡肩負著保護生命的功用

何謂細胞死亡〔圖1〕

細胞因為某種原因而毀壞。除了這兩種分類外，細胞死亡還有許多種類。

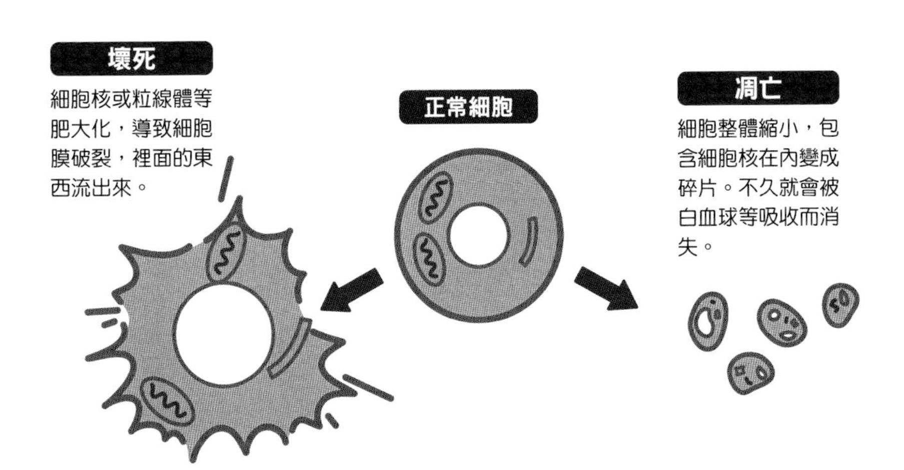

死亡三徵候〔圖2〕

醫生是根據以下三個徵候確認人是否死亡。在日本，法律上也將腦死視為人的死亡。

1 自主呼吸停止

無法靠自己的力量呼吸，處於呼吸停止的狀態。

2 心跳停止

心臟完全停止跳動的狀態。

3 對光反射消失

一旦死亡，眼睛即使受光瞳孔也不會縮小。憑藉有無這個反應來確認生死。

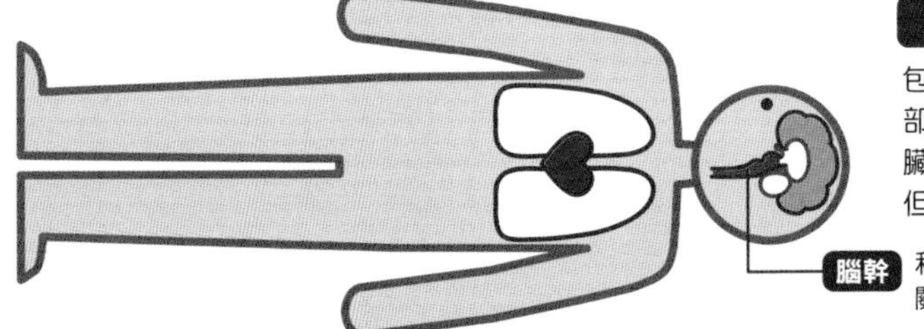

索引

英文

iPS細胞……64
DNA……22、166、168、170、178、186

一劃～五劃

乙醛……24、36、108
人工授精……134
十二指腸……120、129
三半規管……94、150
下視丘……26、34、140
大腸……73、125
小腸……36、73、120、129
內臟脂肪……58、128
反射……40、160、188
心臟……72、76、80、84、162、164、189
手指……158
毛髮……48
打呵欠……34
打嗝……112
正腎上腺素……154
生長激素……28、60、133
生理時鐘……52、180
白血球……18、26、82、86、88、130
皮下脂肪……58、104、128
皮膚……14、46、58、100、104、130

六劃～十劃

交感神經……50、156、162、164
先天免疫……18
劣性基因……174
多巴胺……62、154
成癮症……62
耳朵……14、92、94、143
耳蝸……92
肌肉……24、34、45、56、73、76、79、117
自律神經……50、156、162、164
舌頭……14、98
血小板……82、130
血型……38
血液……38、72、80、82、86、106、164
血管……24、80、82、84、88、163
血漿……38、82、115
免疫……18、20、54
冷凍保存……136
屁……110
快速動眼期……30
抗原……18、21、38、54
抗體……18、21、38、54
肝臟……36、108
受精卵……10、134、166
受器……46
味蕾……98
味覺……14、98
肥胖……58、128、176
肺循環……80、85
花粉症……20
表觀遺傳學……166、168
近視……90
長期記憶……146、148
非快速動眼期……30
信使核糖核酸……54、168
前庭……94
後天免疫……18、54
染色體……166、170、172、182

疫苗……54
紅血球……13、38、72、80、82、86
胃……36、122、163
虹膜……42
食道……122
病毒……22、26、54
神經傳導物質……52、62、154
神經膠質細胞……69、145
脂肪……58、104、128
脂肪細胞……13、58、177
脂質……116、128
記憶……28、146、148
骨細胞……75
骨骼……60、72、74、76、86、130
骨髓……72、86

十一劃～十五劃

副交感神經……50、156、162、164
動脈……80、85、165
基因……22、54、166、168、170、174、176、178、180、186
基因編輯……187
條件反射……160
淋巴……88
淚液……35、40
眼睛……14、40、42、90
細胞……12、22、64、80、166、168、
細胞死亡……182、184、188
細胞激素……26
荷爾蒙……132
蛀牙……118
麥拉寧色素……42、104
短期記憶……146、148
腎臟……106
視覺……14、143
嗅覺……14、16、96、98
微血管……81、85、88
感覺器官……14
腦 14、28、30、33、34、36、51、56、57、62、66、68、72、126、140、142、144、146、148、150、154、156、158、188
腦幹……140、188
腸……110、122、124、126、163
腸道細菌……124
睡眠……28、30、32、52、180
端粒……182
遠視……90
鼻子……14、40、96
憂鬱症……154
膠狀淋巴系統……28、145

十六劃～二十劃

靜脈……80、85、88
頭痛……24
優性基因……174
壓力……50、126、154
癌……184
觸覺……14、46

二十二劃～二十三劃

聽覺……14、92、143
體內平衡……114、132、162
體外受精……134
體循環……80、84
體溫……26、100、102、129

監修者 **大和田潔**(OWADA KIYOSHI)

醫師，醫學博士。東京都葛飾區出生。福島縣立醫科大學畢業後，進入東京醫科齒科大學神經內科進修。曾在急救醫院等單位任職，而後於同所大學的研究所從事基礎醫學研究。秋葉原車站診所院長（現職），東京醫科齒科大學臨床教授。綜合內科專科醫師、神經內科專科醫師、日本頭痛學會指導醫師、日本臨床營養協會理事。著有《知らずに飲んでいた薬の中身》（祥傳社新書）等。監修書有《のほほん解剖生理学》、《じにのみるだけ疾患 まとめイラスト》（永岡書店）等。經常接受採訪及參與媒體演出。

執筆協助　入澤宣幸、鈴木進吾(シンゴ企画)
插畫　桔川シン、堀口順一朗、北嶋京輔、栗生ゑゐこ
設計　佐々木容子(カラノキデザイン制作室)
編輯協助　堀內直哉

ILLUST&ZUKAI CHISHIKI ZERO DEMO TANOSHIKU YOMERU! JINTAI NO SHIKUMI
Supervised by Kiyoshi Owada

圖解奧妙的人體結構

零概念也能樂在其中！探索身體的組成&運作機制

2022年10月1日初版第一刷發行

監　　修　大和田潔
譯　　者　曹茹蘋
編　　輯　吳元晴
發 行 人　南部裕
發 行 所　台灣東販股份有限公司
　<地址>台北市南京東路4段130號2F-1
　<電話>(02)2577-8878
　<傳真>(02)2577-8896
　<網址>http://www.tohan.com.tw
郵撥帳號　1405049-4
法律顧問　蕭雄淋律師
總 經 銷　聯合發行股份有限公司
　<電話>(02)2917-8022

國家圖書館出版品預行編目(CIP)資料

圖解奧妙的人體結構：零概念也能樂在其中！探索身體的組成&運作機制/大和田潔監修；曹茹蘋譯. -- 初版. -- 臺北市：臺灣東販股份有限公司, 2022.10
192面；14.4×21公分
ISBN 978-626-329-458-5(平裝)

1.CST: 人體學

397　　111013843